U0345307

国家自然科学基金青年科学基金项目(11802272)资助
山西省自然科学基金面上青年基金项目(201901D211228)资助

# 煤粉点火过程中粉尘爆炸参数测量及火焰传播特性研究

曹卫国　著

中国矿业大学出版社

· 徐州 ·

# 内 容 提 要

本书首先介绍了粉尘爆炸的研究现状,并通过化学分析技术对煤粉燃烧过程进行分析。其次,利用多种粉尘爆炸装置获取了煤粉爆炸参数,并结合煤粉官能团的变化规律探讨了点火机制。最后,利用火焰传播测试系统对煤粉爆炸过程中的燃烧特征进行研究,并结合分子动力学模拟对煤热解机理进行了讨论。

本书可供安全科学与技术领域的本科生、研究生及教师参考,也可供从事燃烧和爆炸研究的相关研究人员阅读。

**图书在版编目(CIP)数据**

煤粉点火过程中粉尘爆炸参数测量及火焰传播特性研究 / 曹卫国著. —徐州:中国矿业大学出版社,2021.12

ISBN 978 - 7 - 5646 - 5264 - 7

Ⅰ. ①煤… Ⅱ. ①曹… Ⅲ. ①粉尘爆炸—参数测量②粉尘爆炸—火焰传播—研究 Ⅳ. ①TD714

中国版本图书馆 CIP 数据核字(2021)第 258191 号

| | |
|---|---|
| 书　　　名 | 煤粉点火过程中粉尘爆炸参数测量及火焰传播特性研究 |
| 著　　　者 | 曹卫国 |
| 责 任 编 辑 | 陈红梅 |
| 出 版 发 行 | 中国矿业大学出版社有限责任公司 |
| | (江苏省徐州市解放南路　邮编221008) |
| 营 销 热 线 | (0516)83884103　83885105 |
| 出 版 服 务 | (0516)83995789　83884920 |
| 网　　　址 | http://www.cumtp.com　E-mail:cumtpvip@cumtp.com |
| 印　　　刷 | 徐州中矿大印发科技有限公司 |
| 开　　　本 | 787 mm×960 mm　1/16　**印张** 11.25　**字数** 218 千字 |
| 版 次 印 次 | 2021 年 12 月第 1 版　2021 年 12 月第 1 次印刷 |
| 定　　　价 | 36.00 元 |

(图书出现印装质量问题,本社负责调换)

# 前　言

随着现代工业的持续发展，超细粉尘得到广泛应用，但粉尘爆炸发生的潜在危险性也相应增加，不仅对煤炭、粮食、化工、冶金、纺织等行业的安全生产构成威胁，而且粉尘爆炸事故往往会造成严重的人员伤亡及财产损失。煤炭是重要的能源之一，为世界经济发展做出了重大贡献。但是煤炭行业是粉尘爆炸事故的多发领域，频发的煤矿爆炸事故严重地破坏了当地脆弱的生态环境，使得煤矿安全成为世界范围内最受关注的问题之一。因此，深入开展煤粉点火过程中粉尘爆炸参数测量及火焰传播特性研究，对于预防和控制此类工业灾害性事故具有重要的科研价值，对保护人们的生命和财产安全具有重要的实际意义。

近年来，人们对煤粉爆炸开展了相关研究并取得了一系列研究成果，但系统描述煤粉点火过程中粉尘爆炸参数与火焰传播特性相关联研究的著作还比较少。由于煤粉爆炸是受多种因素影响且带有粉尘-空气两相流体力学的燃烧反应，机理相当复杂，单纯的某一种研究手段难以全面说明粉尘爆炸参数与火焰传播机理，必须以大量的试验数据为依托，辅以理论和模型研究，才能有全面的认识。为此，笔者结合自己10余年的学习心得和工作过程中积累的研究成果，撰写了这一著作。

本书共分6章，以煤粉爆炸特性为主线。第1章主要介绍粉尘爆炸取得的研究成果和研究现状；第2章主要介绍通过同步热分析技术对煤粉的升温燃烧过程和燃烧产物的研究成果；第3章主要介绍煤粉浓度、煤粉粒径等多个方面对煤粉爆炸敏感性参数的影响研究，讨论了煤粉升温过程中官能团的变化规律；第4章主要介绍密闭空间内煤粉爆炸压力和爆炸指数等煤粉爆炸强度参数的试验研究；第5章主要介绍煤粉浓度、点火能量以及燃烧管长度等方面对煤粉燃烧火焰传播过程的试验和数值模拟研究;第6章主要介绍通过反应力场分子动力学模拟方法研究煤分子多分子体系模型的热解过程、原子轨迹和主要产物分布。

本书在撰写过程中得到课题组成员的大力支持与帮助,书中也借鉴了近年来国内外相关领域学者们的科学研究成果,在此一并表示诚挚的谢意。另外,感谢中北大学环境与安全工程学院各位领导以及谭迎新教授课题组的大力支持;感谢南京理工大学化工学院刘大斌研究员课题组的帮助;特别感谢求学期间徐森教授、潘峰教授、钱华教授、李斌副教授、李玉艳博士、陈愿博士、谭柳博士、王凯博士、黄丽媛硕士等的大力支持;感谢中国矿业大学辛海会副教授给予的指导;感谢中国矿业大学出版社陈红梅编辑与中北大学李雯娟硕士的精心编辑,使得本书能够与读者提前见面。

最后,真诚感谢国家自然科学基金委员会、山西省科学技术厅、山西省教育厅以及中北大学科学技术研究院等部门的经费资助,研究中所取得的成果均已反映在书中。

限于水平和学识,笔者对本书的撰写尽了最大的努力,但仍难免存在疏漏之处,敬请各位读者批评指正。

**著 者**

2021 年 4 月

# 目　　录

# 1 粉尘爆炸研究及其发展

## 1.1 研究背景及意义

煤炭是重要的能源之一,为世界经济发展做出了重大贡献。但是,煤矿频发的粉尘爆炸事故,使得煤矿安全成为世界范围内最受关注的问题之一。根据煤的煤化程度,将煤分为褐煤(挥发分大于 37%)、烟煤(挥发分大于 10%)和无烟煤(挥发分小于或等于 10%)。烟煤又按挥发分从高到低分为高挥发分烟煤、中高挥发分烟煤、中挥发分烟煤、低挥发分烟煤;同时,根据其煤化程度可划分为贫煤、贫瘦煤、瘦煤、焦煤、肥煤、1/3 焦煤、气肥煤、气煤、1/2 中黏煤、弱黏煤、不黏煤、长焰煤等。据不完全统计,我国每年发生煤矿火灾及火灾隐患超过 4 000 次,因火灾封闭煤矿工作面近 100 个、造成经济损失数百亿元,还常常引发重大煤粉与瓦斯爆炸事故。另外,我国中西部地区的煤矿火灾也十分严重,每年烧毁煤炭 1 000 万吨以上,经济损失超过 200 亿元,还严重破坏了当地脆弱的生态环境[1]。因此,煤矿安全已成为制约我国煤炭资源安全开发的瓶颈之一。

粉尘爆炸是指当可燃性粉尘分散到空气或助燃环境中,形成一定浓度的粉尘云,在有限空间内被适当的能量点燃后,发生剧烈化学反应的现象。粉尘爆炸过程中火焰在介质中迅速传播,导致体系的温度快速上升和压力急剧增大,在密闭或半密闭的有限空间内,其能量的释放速度远大于一般的燃烧过程,因而粉尘爆炸的危险性十分巨大[2-6]。

对粉尘爆炸现象的认识,可以追溯到几百年前,历史上第一次有文字记载的粉尘爆炸是 1785 年意大利都灵市某面包作坊的面粉爆炸[7],图 1-1 为该爆炸事件的示意图。但在此后相当长的一段时间内,人们都未意识到粉尘爆炸的危害性;直到最近几十年,由于现代工业的飞速发展,超细粉体的应用也越来越广泛,粉尘爆炸事故随之大大增加,给人们的生命财产造成巨大的损害,粉尘爆炸的危害性逐渐受到重视。

我国是世界上粉尘灾害最严重的国家之一,平均每年发生粉尘局部爆炸 150~300 次,系统爆炸 1~3 次,且呈现增长趋势,造成了大量的人员伤亡和财产损失[8]。近十多年来,国内发生了数起严重的粉尘爆炸事故。例如:2010 年 2

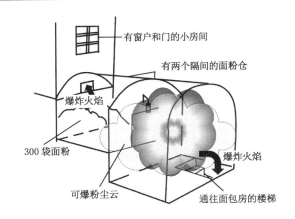

图 1-1　1785 年意大利都灵市某面包作坊面粉爆炸示意图

月 24 日,河北省秦皇岛市某淀粉厂发生玉米粉尘爆炸事故,造成 21 人死亡,47 人受伤;2014 年 4 月 16 日,江苏省南通市某化工企业发生硬脂酸造粒塔粉尘爆炸事故,造成 8 人死亡,9 人受伤;2014 年 8 月 2 日,江苏省昆山市某汽车轮毂抛光企业发生金属粉尘爆炸,事故当天就造成 75 人死亡,185 人受伤。图 1-2 至图 1-4 为以上几家单位粉尘爆炸后的废墟。

图 1-2　秦皇岛市某淀粉厂玉米粉尘爆炸后的厂房废墟

图 1-3　南通市某化工企业硬脂酸造粒塔粉尘爆炸后的厂房废墟

图 1-4　昆山市某汽车轮毂抛光企业金属粉尘爆炸后的厂房废墟

约瑟夫(Joseph)等[9]对近年来美国发生的粉尘爆炸事故进行了统计分析，涉及的粉尘种类包括食品、木材、金属、塑料、煤粉、非金属可燃性粉尘等；涉及的行业包括橡胶和塑料、化学制造、原金属、木材加工、食品等，如图 1-5 和图 1-6 所示。

粉尘爆炸是一种复杂的物理化学现象，涉及多相反应系统中动量、能量和质量的同时传递。粉尘爆炸研究涉及诸如两相流、化学反应动力学、化学反应热力学、传热传质学、燃烧学、爆炸力学、气体动力学、计算力学、动态测试技术等学科，还需考虑其相对敏感的众多影响因素，如非均相系统的多相流动、化学反应以及传热传质等各种输运现象的相互作用与耦合。另外，还涉及亚音速向超音

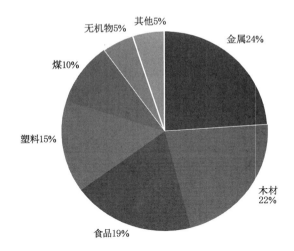

图 1-5　粉尘爆炸涉及的粉尘种类

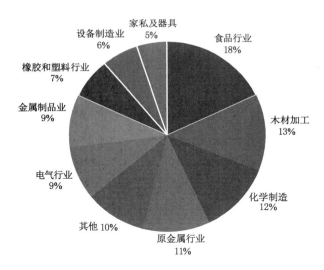

图 1-6　粉尘爆炸涉及的行业

速的转变、压缩波向激波的转变、爆炸向爆轰的转变等,同时粉尘爆炸还与一些难以解释的偶然因素有关。上述因素导致粉尘爆炸比气体爆炸要复杂得多,并且工业上的粉尘爆炸经常发生在复杂的几何结构中,这些均使得粉尘爆炸研究具有相当的难度。

随着科学技术和粉体工业的快速发展,与可燃性粉尘相关的行业越来越多,粉尘的种类和用量也在逐渐增加,工业粉尘日益广泛的应用有力地推动了社会经济的发展,但粉尘爆炸发生的潜在可能性也在相应地增加,在粉尘的生产、加工、运输和存储过程中极易发生粉尘爆炸事故。因此,对粉尘爆炸进行深入研究就十分必要,不仅可以为工业安全生产提供相关的指导依据,而且为降低粉尘爆炸事故发生概率提供了有力保证,对于预防和控制粉尘爆炸事故具有重要的实际意义和科研价值。

# 1.2 国内外研究现状

## 1.2.1 粉尘爆炸参数的试验研究

为了对粉尘爆炸参数有一定的了解,需建立粉尘爆炸特性参数的测试方法以及测试的仪器设备,描述粉尘爆炸参数分为两个方面,即粉尘爆炸敏感性参数和粉尘爆炸强度参数。

(1)粉尘爆炸敏感性参数

① 粉尘层最低着火温度[10]:在热表面上规定厚度的粉尘层着火时热表面的最低温度;② 粉尘云最低着火温度[11]:在特定加热装置中的粉尘云发生着火时,加热装置内壁的最低温度;③ 粉尘云最小点火能量[12]:在点火装置中能够点燃粉尘云并维持燃烧的最小能量;④ 粉尘云爆炸下限浓度[13]:粉尘云在给定能量的点火源作用下,发生持续燃烧的最低浓度;⑤ 粉尘云爆炸极限氧含量[14]:体系中能发生粉尘爆炸现象的氧气含量的最小百分数。

(2)粉尘爆炸强度参数[15]

① 粉尘云最大爆炸压力:在不同粉尘云浓度条件下,通过一系列试验确定的压力的最大值;② 粉尘最大爆炸压力上升速率$(dp/dt)_m$:在一定的点火能量下,通过改变粉尘浓度来确定的爆炸压力斜率的最大值;③ 粉尘云爆炸指数$K_{st}$:由容器的容积$V$的立方根和爆炸时压力上升速率$(dp/dt)_m$的乘积所确定的常数。

通过爆炸指数对粉尘爆炸的危险性进行分级:当 0 MPa·m/s<$K_{st}$<20 MPa·m/s 时,粉尘爆炸为 Ⅰ 级,表示爆炸微弱;当 20 MPa·m/s≤$K_{st}$≤30 MPa·m/s 时,粉尘爆炸为 Ⅱ 级,表示爆炸强烈;当 $K_{st}$>30 MPa·m/s 时,粉尘爆炸为 Ⅲ 级,表示爆炸非常强烈。此外,粉尘能否发生爆炸、爆炸的难易程度、爆炸的发展以及爆炸的强度大小,主要与粉体自身特性、粉尘云特性和外部条件有关。

粉尘的粒径大小对粉尘爆炸参数有着很大的影响。例如,卡斯道拉(Cashdollar)[16]利用 20 L 球形爆炸装置研究了匹兹堡煤粉不同范围的粒径分布对粉尘爆炸性的影响。结果表明,在超过 $100~\mu m$ 大尺寸时,粉尘云爆炸下限随着粒径的增大而逐渐增大,直至煤粉粒径增长到不能被点燃为止;随着粒径的减小,最大爆炸压力缓慢上升,最大爆炸压力上升速率快速增大,这是因为随着粒径的减小,粉尘粒子比表面积增大,粒子表面与空气接触面积增加,氧气在粒子的表面扩散速率加快,使粒子燃烧速率增大,粉尘燃烧热的释放速率加大所致。埃克霍夫(Eckhoff)[17]对铝粉爆炸进行了相关研究。结果表明,随着铝粉粒径的减小,铝粉的比表面积随之增大,最大爆炸压力上升速率逐渐增大,铝粉在空气中的燃烧速率也随之加快;当粒径进一步减小时,由于粒径较小,颗粒之间的表面效应加大,颗粒之间团聚、吸附现象加大,反而使得氧气向颗粒表面扩散速率降低,会出现随着粒径减小到某一值后,爆炸下限不再下降,爆炸猛烈程度也不再增加的现象。

含水量对粉尘之间的黏附力有较大影响。Eckhoff[18]认为,随着粉尘的含水量减小,粉尘的分散性逐渐提高,导致粉尘更易发生爆炸以及爆炸的强度提高。袁旌杰等[19]的研究结果表明,在低含水量范围内,随着含水量的增大,爆炸压力呈线性下降,这是由于煤粉中的水分吸收了燃烧过程中的反应热所致;当含水量达到某一值时,继续增大含水量,爆炸压力显著降低,这是因为当含水量过高时,除了吸收反应热外,还会增加粒子间的吸附力,降低粒子的分散性[20],导致爆炸强度显著降低。

粉尘浓度对粉尘爆炸行为有较大影响。W. Gao 等[21]利用标准 20 L 球形测试装置对粉尘爆炸压力的研究表明,随着粉尘浓度的增加,爆炸压力随之增大,当达到最佳浓度时,爆炸压力达到最大,随后进一步增加粉尘浓度,爆炸压力逐步减小,呈下降趋势。

氧含量是影响粉尘爆炸的另外一个重要因素。一般粉尘爆炸过程所需氧气来自空气。米塔尔(Mittal)[22]对煤粉在不同氧浓度的爆炸猛烈程度进行了研究,认为随着氧含量的降低,两种煤粉在最佳点火浓度的最大爆炸压力几乎呈线性减小,而爆炸指数近似呈指数减小。

湍流对于粉尘云的点火敏感性和爆炸强度均有较大的影响。李新光等[23]采用大型管道相连的试验装置研究了初始湍流对玉米淀粉爆炸强度的影响。结果表明,随着初始湍流的增加,导致爆炸压力和爆炸压力上升速率增大。这与湍流影响粉尘云的燃烧速率有关。

粉尘的挥发性含量对粉尘爆炸也有较大影响。蒯念生等[24]研究了点火能量对高、低挥发性粉尘爆炸行为的影响。结果表明,与高挥发性粉尘相比,低挥发性粉尘爆炸行为受点火能量的影响更显著。

笔者对气体/粉尘爆炸特性参数也进行了相关的试验和数值模拟研究,获取了爆炸压力[25-26]、火焰传播[27-28]、爆炸极限[29-30]、爆炸特性[31-33]及泄爆特性[34-39]等方面的研究成果。

## 1.2.2　粉尘爆炸防护和抑爆技术研究

研究粉尘爆炸参数试验的目的之一就是要制定相应的防护措施,防止粉尘爆炸的发生或尽量减小粉尘爆炸所造成的危害。要达到消除或抑制粉尘爆炸的效果,最有效的方法是在适当的条件下消除或减弱发生粉尘爆炸的要素。粉尘爆炸抑制技术可分为两种:第一种是针对粉尘爆炸发生的条件,做好相应的措施,消除或减弱发生粉尘爆炸的要素,阻止粉尘爆炸的发生;第二种是采取防护措施对已发生的粉尘爆炸进行减缓和控制。具体的方式见表 1-1。

表 1-1　粉尘爆炸的防止和减缓措施

| | | |
|---|---|---|
| 防止措施 | 防止点火源 | 粉尘阴燃和粉尘着火 |
| | | 明火 |
| | | 热表面 |
| | | 机械碰撞、摩擦的火花和热源 |
| | | 电火花、电弧、静电放电 |
| | 防止爆炸性粉尘云的形成 | 采用惰性气体(如 $N_2$、$CO_2$)和稀有气体对粉尘云惰化 |
| | | 合理地设计、操作和维护设备,减少粉尘的外漏 |
| | | 防止粉尘悬浮形成粉尘云 |
| | | 合理增加粉尘颗粒的粒径以减小反应性 |
| | | 通过除尘技术使粉尘浓度在爆炸下限以下 |
| | | 通过添加惰性粉体对粉尘云进行惰化 |
| | | 及时清理堆积的粉尘层,防止二次爆炸的发生 |
| 减缓措施 | | 抗爆技术 |
| | | 爆炸泄放 |
| | | 爆炸隔离 |
| | | 爆炸抑制 |
| | | 粉尘云的局部惰化 |

陈宝智等[40]从辨识粉尘爆炸风险的危险源入手,以粉尘爆炸参数为基础,采取一定的防护性措施,主要通过以下几个方面来进行。

抗爆:为了防止爆炸对外界的破坏,可采取抗爆设计使得容器和设备能够抵抗最大爆炸压力。

泄爆:爆炸后能在极短的时间内,将内部压力降低,减弱爆炸作用,因为泄爆过程中会向外界释放压力波和火焰,能有效降低爆炸强度。

抑爆:通过添加抑制剂或抑制气体,使粉尘爆炸压力和爆炸指数降低,如水、二氧化碳、磷酸铵盐等。

隔爆:防止某些设备发生更严重的爆炸以及粉尘可能发生的二次爆炸。

谭迎新等[41]利用 20 L 球形爆炸装置,对煤粉添加惰性介质后的爆炸压力和爆炸指数进行了研究,分析惰性介质的抑爆作用。结果表明,岩石粉能够起到减轻煤粉爆炸的作用,岩石粉通过吸收煤粉爆炸过程中的能量,使系统冷却降温,同时起到屏蔽热辐射、热传导的作用,使得火焰不能继续燃烧,有效阻止爆炸的发展和传播。随着煤粉粒度的减小,要达到相同的抑爆效果需要的岩石粉的用量将加大。

付羽等[42]利用氯化钠粉末对镁粉的爆炸猛烈程度影响进行了研究,结果表明:随着氯化钠粉末含量的增加,可以使镁粉的爆炸猛烈程度大幅度降低。当氯化钠粉末增加到一定量后,不同粒径的镁粉均没有发生爆炸,能有效地抑制镁粉爆炸。

许红利等[43-45]根据煤矿的实际情况,利用自行设计的超细水雾抑爆试验装置,在有障碍物存在的情况下,研究了超细水雾对煤粉-甲烷-空气混合物爆炸的影响。结果表明,障碍物的存在能够提高混合物的爆炸性,这是由于障碍物的存在对混合物爆炸产生的火焰能够进行有效的压缩,加快了爆炸波的传播,提高了湍流强度,使得爆炸强度显著提高。

安米亚特(Amyotte)等[46-47]对一些固体惰性物质进行了研究,并对它们在粉尘爆炸过程中的预防和抑制作用进行了研究,阐明了惰化(爆炸预防)和抑制(爆炸缓解)之间的区别,并对相关影响因素进行了详细的分析。

刘庆明等[48]利用粉尘爆炸管道测试系统,研究了 ABC 干粉、$SiO_2$ 粉末以及 $CaCO_3$ 粉末对甲烷-煤粉-空气混合物爆炸的抑制作用。结果表明,这三种固体抑制剂添加后均能够有效地降低甲烷-煤粉-空气混合物爆炸的爆炸压力和爆炸压力上升速率。与 $CaCO_3$ 粉末相比,ABC 干粉、$SiO_2$ 粉末在抑爆部分的初始阶段对混合物爆炸的抑制作用更好。

克莱门斯(Klemens)等[49]针对工业生产中产生的机械振动对惰性粉体抑爆系统的影响进行了研究。结果表明,机械振动能够使惰性抑爆粉体团聚,从而降低粉体的抑制作用和抑爆系统的效率。

杜兵等[50]利用热重试验分析了沥青煤和无烟煤的燃烧机理,并利用 20 L 球形爆炸装置研究了 $NH_4H_2PO_4$ 和 $CaCO_3$ 对两种煤的抑爆作用,分析了抑爆机理,还对比了抑爆效果。结果表明,沥青煤的燃烧属于均相燃烧,而无烟煤的燃烧属于多相燃烧。两种物质均对煤粉的爆炸有抑制作用,增加惰性组分的比例能使煤粉的爆炸强度逐渐下降。其中，$CaCO_3$ 主要通过吸收爆炸过程中的热量，来降低系统的温度，从而达到减小爆炸强度的目的。而 $NH_4H_2PO_4$ 由于分解温度较低，吸收爆炸过程中的热量后，分解的 $NH_3$ 和 $P_2O_5$ 分别起到稀释体系氧气浓度和覆盖在煤粉颗粒表面的作用，增加了氧气扩散的阻力和减小了煤粉反应的敏感性。

## 1.2.3 粉尘爆炸发展过程中火焰传播特征的研究

粉尘爆炸发展过程中伴随着火焰的快速传播，要充分理解粉尘爆炸的机理，还需要对粉尘爆炸发展过程中的火焰传播规律和火焰传播机理等进行深入研究。

塞沙德里（Seshadri）等[51]分析了预混有机粉尘的火焰结构，假定火焰结构由 3 个区域组成。一是预热挥发区域，粒子首先吸热，达到点火温度，该区域气相化学反应速率较小，从而忽略气相化学反应速率；二是化学反应区域，该区域忽略了对流和燃料粒子的挥发速率；三是对流区域，该区域忽略了扩散项。该模型对不同粒径的燃料粒子在不同燃料粒子当量比下的火焰传播速率进行了计算，得出了粒径小的粉尘火焰传播速率较大的结论。

基于 Seshadri 的理论，比达巴迪（Bidabadi）等[52-56]利用该火焰结构模型详细研究了气体与粉尘粒子的温差、刘易斯（Lewis）数、热循环、预热区域的辐射项、粒径大小以及器壁热损失对粉尘颗粒燃烧的影响。结果表明，在流动中粒径大的粉尘具有较低的火焰温度，粉尘粒子的火焰温度比挥发出来的燃料气体燃烧的火焰温度低；随着 Lewis 数的增加，火焰温度和燃烧速率随之增大；当考虑热损失时，燃烧速率会显著地下降，这种情况恰与绝热状态相反；随着热循环系数的提高，火焰的温度和燃烧速率逐渐增加，该模型计算说明粒径小的粉尘燃烧速率越大，器壁的热损失对火焰的温度降低有很显著的影响。与忽略预热区域的辐射项模型相比，考虑辐射项后的火焰温度有所提高，这是由于反应区域产生的热辐射到预热区域后，使得预热区域的挥发过程加快，预热区域温度提高，其他两个区域温度也相应提高，使得火焰温度进一步升高，并且导致燃烧速率加快。

哈吉里（Haghiri）等[57-58]对有机粉尘火焰传播过程研究提出了一个新的火焰结构，该结构由预热区域、挥发（或裂解）区域、燃烧反应区域以及后火焰区域（已完成燃烧区域）4 个部分组成，如图 1-7 所示。对挥发阶段进行了详细的研究，而之前的研究结果将火焰结构分为 3 个区域，并且忽略了挥发阶段的影响。

库尔久莫夫（Kurdyumov）等[59]利用热扩散模型对 Lewis 数和热损失的相互作用对层流预混火焰在管道中传播的影响进行了研究。结果表明，当系统存在较大热损失且 Lewis 数远低于 1 时，火焰结构将会发生从"倒蘑菇"形向"漏斗"形转变，这是由于中心线附近上端开口和壁面附近死角同时存在导致的；对于 Lewis 数大于 1 情况，当热损失从零增加到一个临界值，随着 Lewis 数的增

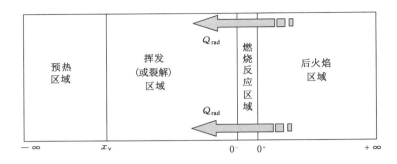

图 1-7　有机粉尘燃烧火焰结构示意图

大,反应速率将会减小。

Q. Li[60]对碳粉爆炸进行了详细的理论研究,以了解瞬时火焰传播过程和火焰传播速率振荡的现象。结果表明,火焰传播速率出现振荡的原因是粒子和气体两相之间的速率差异,这种速率差异会改变火焰前沿粒子的数量,从而改变燃料的当量比,引起火焰传播速率出现振荡;此外,火焰振荡现象随着氧气浓度的增加而逐渐增强,这是由于粉尘爆炸过程中高氧气浓度会导致高反应速率并释放更多的燃烧热,从而引起粒子和气体两项之间更大的速率差异。

基于粒子间和粒子与气体间的辐射传热,哈莱(Hanai)等[61]建立了简单的模型对粉尘爆炸过程中火焰传播的振荡现象进行了研究,如图 1-8 所示。结果表明,火焰传播振荡现象的出现需要燃料满足一定的当量比,在一定的范围内粉尘粒度的减小和浓度的增加都会提升火焰传播振荡的频率;火焰区域和后方粒子释放的热量通过辐射传递给火焰前方未燃粒子,使得火焰传播速率发生变化。

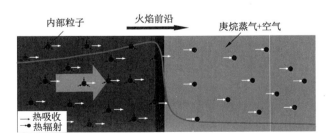

图 1-8　粉尘燃烧模型示意图

虽然这些学者建立了一些粉尘爆炸模型,但是对火焰传播过程的特性还不能有一个全面的认识。因此,需要人们对粉尘爆炸过程的火焰传播进行系统的研究,以期更好地了解粉尘爆炸火焰传播特性。

普鲁斯特（Proust）[62-63]为了阐明粉尘爆炸过程中的火焰传播特征，利用透明垂直玻璃管分别对淀粉、石松子粉、硫粉和铝粉与空气的混合物的火焰进行了研究。不同粉尘的火焰结构如图 1-9 所示。对淀粉、石松子粉和硫粉的火焰最高温度研究表明，随着粉尘浓度的增加，测量值均低于理论计算值，并且在高浓度条件下误差更大。管道尺寸对火焰传播速率也有较大影响，使用不同内径的玻璃管对不同浓度的粉尘火焰传播速率进行研究的结果表明，内径增大，火焰传播速率相应增加，这是由于火焰前锋阵面的不完全燃烧，管道尺寸越小，火焰伸展长度越长，火焰传播速率越小。

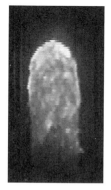

（a）淀粉-空气混合物层流火焰

（b）石松子粉-空气混合物层流火焰

（c）硫粉-空气混合物层流火焰

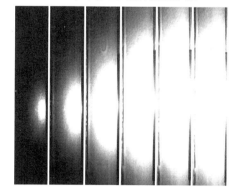

（d）铝粉-空气混合物层流火焰

图 1-9　不同粉尘的火焰结构

O. S. Han 等[64-65]利用垂直玻璃管对石松子粉的火焰传播机理进行了研究，采用高速摄影装置对火焰传播过程进行了记录。结果表明，火焰前沿结构近似半球形，火焰呈抛物线形式传播，并且点火一段时间后，产生向下传播的二次或三次火焰,这种火焰与前火焰完全分离,出现的时间随着粉尘浓度的增加而逐渐缩短。

孙金华等[66-71]利用自行研制的适用于研究微观粒子燃烧的开放式容器,借助电荷耦合器件 CCD、微细热电偶和高速摄影装置等对多种粉尘火焰传播进行了研究。结果表明,粉尘云燃烧过程中火焰可以分为 3 个区域,即未燃区域、主反应区域和黄色发光区域。在未燃区域,粉尘以粒子形式存在;在主反应区域,大部分粒子已经消失,主要是可燃气体发生燃烧,该区温度较高多达到 1 000 ℃以上。然而,黄色发光区域的燃烧反应较弱。

贝内代托(Benedetto)等[72]对烟碱酸粉尘在开放管道中的火焰传播过程进行了研究,认为火焰传播可以分为 4 个阶段,如图 1-10 所示。在初始阶段(Ⅰ),粉尘被点燃,火焰呈球形向四周传播;第二阶段(Ⅱ),火焰在 $t_1$ 时传播至管道壁面,温度、浓度和传播速率逐渐发生变化;第三阶段(Ⅲ),火焰在 $t_2$ 时开始近似为稳定的传播状态;第四阶段(Ⅳ),火焰在 $t_3$ 时开始出现振荡传播的现象。在火焰传播的初始阶段,火焰自身产生的湍流较小可以忽略,火焰传播速率较低;而在近似稳定传播状态后的第四阶段,火焰传播速率受火焰自身湍流影响很大。

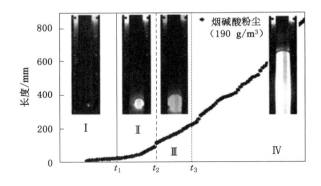

图 1-10　火焰传播阶段示意图

W. Gao 等[73-76]利用燃烧管道系统,研究了多种有机粉尘火焰传播过程,并分析了粒径分布、粒子热特性对火焰传播的影响,获取粉尘在燃烧过程中的火焰结构及火焰前锋形状,如图 1-11 所示。结果表明,火焰前锋形状基本规则、连续,燃烧反应区均匀一致,类似于预混燃烧现象。同时,在火焰前锋发光区周围分布着未完全燃烧的粒子温度升高后发出的较小的离散的光点,这些小光点通过相互结合形成了明亮不规则的发光区域。随着有机粉尘挥发性的降低,离散光点的区域宽度和数量逐渐增加,火焰的最高温度和火焰的最大传播速率均相应下降,这是由于低挥发性粉尘裂解需要更长的时间造成的。

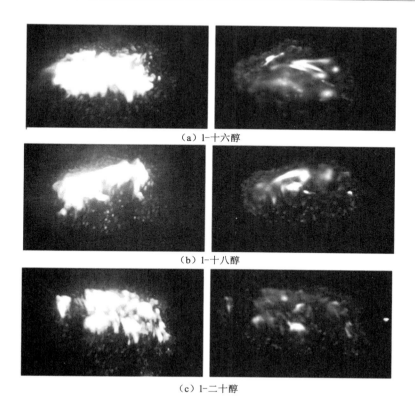

（a）1-十六醇

（b）1-十八醇

（c）1-二十醇

图 1-11 两种方法拍摄的不同有机粉尘火焰结构

（注：左侧为普通高速摄影；右侧为单色紫外摄影）

## 1.2.4 粉尘爆炸数值模拟研究进展

粉尘爆炸是一种复杂的物理化学现象，且常发生在复杂环境中，因此对粉尘爆炸发展过程的研究具有很大的困难。但随着计算机技术的快速发展，以计算流体力学（CFD）为基础的数值模拟技术已成为粉尘爆炸研究的有力工具。

近年来，国内外的一些学者对粉尘爆炸进行了数值模拟，开发了一些比较完备的粉尘爆炸数值模型，对此研究领域做出了重要贡献[77-81]，有助于更好地了解粉尘爆炸的机理、爆炸的发生和发展过程，对于粉尘爆炸的预测、评估和预防具有重要的实用意义。

王健等[82]采用欧拉-拉格朗日（Eulerian-Lagrangian）方法对相连容器中玉米淀粉-空气混合物爆炸时的火焰传播行为进行了数值模拟研究，通过求解非稳态的湍流两相反应流守恒方程对试验进行二维仿真计算，得到的仿真曲线正确地预测了压力发展的趋势,较好地再现了实验压力的发展过程;同时,模拟结果显示出的粉尘爆炸火焰发展规律与试验结果吻合程度较高,表明通过欧拉-拉格朗日方法建立的数值模型可以很好地应用于粉尘爆炸压力和火焰传播发展的研究。

任纯力等[83]通过考虑热传导、热辐射、粉尘湿度以及湍流对粉尘爆炸的影响,建立了球形爆炸模型,研究了粉尘粒径、粉尘浓度、点火能量密度和点火放电时间对最小点火能量的影响,计算结果与试验结果基本一致,通过模型计算和试验测量,能够更准确地确定粉尘的最小着火能量。

Z. H. Chen 等[78]利用一个大型的水平燃烧管对铝粉-空气混合物爆炸产生的火焰进行了试验研究,并通过建立双流体模型,包括 $k$-$\varepsilon$ 湍流模型和描述湍流燃烧的赫恩兹-陈模型与 EBU-阿伦尼乌斯模型,数值模拟了火焰传播的过程。计算结果模拟了粉尘爆炸过程中火焰的燃烧、膨胀和湍流等现象,模拟结果与试验数据一致性较好。

喻健良等[84]利用哈特曼管对微米级铝粉的爆炸特性进行了试验研究,考察了点火延时、粉尘浓度和粉尘粒径对最大爆炸压力和最大爆炸压力上升速率的影响,并且利用基于 CFD 的计算软件 FLUENT 建立了铝粉爆炸数值模型,采用随机轨道模型并考虑颗粒湍流扩散的影响。结果表明,对粒径 $d > 10~\mu\mathrm{m}$ 的铝粉,模拟结果与试验值吻合较好,说明采用离散相模型模拟密闭容器内该尺度铝粉爆炸是可行的。但是,对粒径 $d < 10~\mu\mathrm{m}$ 及纳米级粉尘的数值模拟误差较大。

洪滔等[85]通过建立两相流模型对铝粉在内径为 15.2 cm 管道中爆炸的爆轰波的传播和发展进行了数值研究,该模型考虑了气体和颗粒两相间速度和温度的不同以及由于管壁引起的对流热传导和黏性引起的耗散对粉尘爆炸的影响,得到了爆轰波速度和铝颗粒的点火距离之间的相互关系,同时还得到爆轰流场中物理量的分布情况。

斯米尔诺夫(Smirnov)等[86]建立了一个多分散的粉尘-空气混合物湍流燃烧和点火的数学模型,该模型考虑了气体和粉尘颗粒两相之间的双向耦合以及确定和随机的结合方式。粒子的运动方程考虑了气流随机湍流的影响,对密闭容器中不同初始湍流条件下有机粉尘混合物的燃烧进行了数值模拟,并结合试验对模型进行了验证。结果表明,所建立的模型可以用于研究有机粉尘点火、燃烧的特性以及粉尘爆炸过程中的流场的分布情况。

科辛斯基(Kosinski)等[87]利用欧拉-欧拉(Eulerian-Eulerian)方法模拟了通过导管连接的相连容器中粉尘爆炸传播的现象,模型考虑了粒子尺寸和管道高度的影响作用。结果表明,粉尘爆炸发生的时刻是与管道高度有关的函数:对于较粗的管道,粉尘爆炸更容易发生在相连的二级容器中;Kosinski[79]还采用了

Eulerian-Lagrangian 方法来模拟多相流的问题,由于周围气体和碰撞作用于粒子上的阻力,在 Eulerian-Lagrangian 方法中粒子直接被当作移动的位点,分析了抑爆过程中惰性粒子的行为,并且与试验结果相比较,提供了一种研究多相流问题的方法。

肖尔(Skjold)等[88-89]利用改进的粉尘爆炸数值模块(DESC)对 260 m³ 筒仓中粉尘爆炸火焰加速的影响进行了数值研究,模拟得到的爆炸压力值与试验测量值能够较好地吻合。此外,他还利用 DESC 对煤矿中冲击波引起的不同厚度煤粉层扬尘以及结合试验参数对煤粉层扬尘引起的二次爆炸火焰传播行为进行了数值模拟。结果表明,模拟得到的仿真图像有助于我们对扬尘引起的粒子分布以及二次爆炸的火焰传播有一个直观的了解,对扬尘的简化模拟可以成为以后粉尘爆炸风险评估的有力工具[90]。

随着模拟软件的不断完善以及对粉尘爆炸认识的逐渐加深,基于流体力学的数值模拟方法将会在粉尘爆炸的研究中取得更好的效果。数值模拟应用于粉尘爆炸研究,能够节约成本,减少人力物力,并且能够得到传统试验得不到的直观信息。但是,模拟结果需要大量的试验结果来检验,以不断优化模型,得到比较准确的模拟过程。试验与数值模拟相结合的方式将会有助于了解粉尘爆炸机理、火焰传播发展、粒子分布以及爆炸危险性等信息,能够对过程工业中预测粉尘爆炸发展过程和评估爆炸后果起到直接的借鉴作用。

# 1.3　本章小结

本章主要介绍了煤尘研究的背景,并从粉尘爆炸出发,分别从粉尘爆炸参数的试验研究、粉尘爆炸防护和抑爆技术研究、粉尘爆炸火焰传播特征的研究和粉尘爆炸数值模拟研究对取得的研究成果和研究现状进行了介绍。

# 本章参考文献

[1] 王德明.煤氧化动力学理论及应用[M].北京:科学出版社,2012.

[2] ECKHOFF R K. Dust explosion research. State-of-the-art and outstanding problems[J]. Journal of hazardous materials,1993,35(1):103-117.

[3] 赵衡阳.气体与粉尘爆炸原理[M].北京:北京理工大学出版社,1996.

[4] AMYOTT P R. Some myths and realities about dust explosions[J]. Process safety and environmental protection,2014,92(4):292-299.

[5] KLEMENTS R,SZATAN B,GIERAS M,et al. Suppression of dust explo-

sions by means of different explosive charges[J]. Journal of loss prevention in the process industries,2000,13(3-5):265-275.

[6] ABBASI T,ABBASI S. Dust explosions-cases,causes,consequences,and control[J]. Journal of hazardous materials,2007,140(1):7-44.

[7] AMYOTTE P R,ECKHOFF R K. Dust explosion causation,prevention and mitigation:an overview[J]. Journal of chemical health and safety, 2010,17(1):15-28.

[8] 赵显东. 可燃粉尘爆炸的危险性分析及预防[J]. 中国西部科技,2011,10 (8):33-35.

[9] JOSEPH G. Combustible dusts:a serious industrial hazard[J]. Journal of hazardous materials,2007,142(3):589-591.

[10] American Society for Testing Material. E2021:Standard test method for hot-surface ignition temperature of dust layers[S]. Philadephia,PA: ASTM Committee on Standards,2006.

[11] American Society for Testing Material. E1491:Standard test method for minimum autoignition temperature of dust clouds[S]. Philadephia,PA: ASTM Committee on Standards,2006.

[12] American Society for Testing Material. E2019:Standard test method for minimum ignition energy of a dust cloud in air[S]. Philadephia,PA: ASTM Committee on Standards,2002.

[13] American Society for Testing Material. E1515:Standard test method for minimum explosible concentration of combustible dusts[S]. Philadephia, PA:ASTM Committee on Standards,2007.

[14] European Standard EN14034. Determination of explosion characteristics of dust clouds-part 4:determination of the limiting oxygen concentration LOC of dust cloud[S]. Brussels:European Committee for Standardization,2004.

[15] American Society for Testing Material. E1226:Standard test method for pressure and rate of pressure rise for combustible dusts[S]. Philadephia, PA:ASTM Committee on Standards,2005.

[16] CASHDOLLAR K L. Overview of dust explosibility characteristics[J]. Journal of loss prevention in the process industries,2000,13(3):183-199.

[17] ECKHOFF R K. Understanding dust explosions:the role of powder science and technology[J]. Journal of loss prevention in the process indus-

tries,2009,22(1):105-116.

[18] ECKHOFF R K. Influence of dispersibility and coagulation on the dust explosion risk presented by powders consisting of nm-particles[J]. Powder technology,2013,239:223-230.

[19] YUAN J J,WEI W Y,HUANG W X,et al. Experimental investigations on the roles of moisture in coal dust explosion[J]. Journal of the Taiwan institute of chemical engineers,2014,45(5):2325-2333.

[20] 谭迎新,霍晓东,尉存娟.不同粒度铝粉在水平管道内的爆炸压力测定[J]. 中国安全科学学报,2009,18(12):80-83.

[21] GAO W,ZHONG S,MIAO N,et al. Effect of ignition on the explosion behavior of 1-octadecanol/air mixtures[J]. Powder technology,2013,241: 105-114.

[22] MITTAL M. Limiting oxygen concentration for coal dusts for explosion hazard analysis and safety[J]. Journal of loss prevention in the process industries,2013,26(6):1106-1112.

[23] 李新光,王健,钟圣俊,等.初始湍流对粉尘爆炸影响的实验研究[J]. 中国粉体技术,2010,16(5):37-41.

[24] 蒯念生,黄卫星,袁旌杰,等.点火能量对粉尘爆炸行为的影响[J]. 爆炸与冲击,2012,32(4):432-438.

[25] 石天璐,谭迎新,李玉艳,等.氧化率对铝粉粉尘爆炸特性的影响[J]. 消防科学与技术,2017,36(9):1194-1196.

[26] 荆术祥,陈仁康,石天璐,等.火炸药粉尘与工业粉尘爆炸特性试验对比研究[J]. 科学技术与工程,2017,17(9):325-330.

[27] RAO G N,ZHANG Y,CAO W G,et al. Experimental and numerical studies of premixed methane-hydrogen/air mixtures flame propagation in closed duct[J]. Canadian journal of chemical engineering,2018,96(12): 2684-2689.

[28] 曹卫国,郑俊杰,彭于怀,等.玉米淀粉粉尘爆炸特性及火焰传播过程的试验研究[J]. 爆破器材,2016,45(1):1-6.

[29] ZHANG Y,CHENG Y F,SU J,et al. Experimental investigation on the near detonation limits of propane/hydrogen/oxygen mixtures in a rectangular tube[J]. International journal of hydrogen energy,2020,45(1): 1107-1113.

[30] 黄丽媛,曹卫国,徐森,等.石松子粉最小点火能试验研究[J]. 爆破器材,

2012,41(5):9-11.

[31] 任家帆,冯伟,全树新,等.球形密闭容器内氢气浓度对混合气体燃爆特性的影响[J].爆破器材,2019,48(3):33-37.

[32] 冯翼鲲,曹雄,曹卫国,等.方形管道中二氧化碳抑爆性能实验研究[J].消防科学与技术,2018,37(1):14-18.

[33] 彭于怀,黄丽媛,曹卫国,等.石松子粉尘爆炸危险性及抑爆研究[J].爆破器材,2014,43(6):16-21.

[34] ZHANG Y,CAO W G,SHU C M,et al. Dynamic hazard evaluation of explosion severity for premixed hydrogen-air mixtures in a spherical pressure vessel[J]. Fuel,2020,261:116433.

[35] CAO W G,LI W J,YU S,et al. Explosion venting hazards of temperature effects and pressure characteristics for premixed hydrogen-air mixtures in a spherical container[J]. Fuel,2021,290:120034.

[36] CAO W G,LIU Y F,CHEN R K,et al. Pressure release characteristics of premixed hydrogen-air mixtures in an explosion venting device with duct[J]. International journal of hydrogen energy,2021,46(12):8810-8819.

[37] ZHANG Y,CHEN R K,ZHAO M K,et al. Hazard evaluation of explosion venting behaviours for premixed hydrogen-air fuels with different bursting pressures[J]. Fuel,2020,268:117313.

[38] ZHANG Y,JIAO F Y,HUANG Q,et al. Experimental and numerical studies on the closed and vented explosion behaviors of premixed methane-hydrogen/air mixtures[J]. Applied thermal engineering, 2019, 159:113907.

[39] XU S,WANG J,WANG H S,et al. Hazard evaluation of explosion venting behaviors for aluminum powder/air fuels using experimental and numerical approach[J]. Powder technology,2020,364:78-87.

[40] 陈宝智,李刚,法兰科,等.粉尘爆炸特殊风险的辨识、评价和控制[J].中国安全科学学报,2007,17(5):96-100.

[41] 谭迎新,王志杰,高云,等.固体惰性介质对煤粉爆炸压力的影响研究[J].中国安全科学学报,2008,17(12):76-79.

[42] 付羽,李刚,陈宝智.氯化钠粉末对镁粉爆炸猛度的影响研究[J].中国安全生产科学技术,2009,5(4):5-9.

[43] XU H L,LI Y,ZHU P,et al. Experimental study on the mitigation via an ultra-fine water mist of methane/coal dust mixture explosions in the pres-

ence of obstacles[J]. Journal of loss prevention in the process industries, 2013,26(4):815-820.

[44] XU H L,WANG X S,GU R,et al. Experimental study on characteristics of methane-coal-dust mixture explosion and its mitigation by ultra-fine water mist[J]. Journal of engineering for gas turbines and power,2012, 134(6):1-6.

[45] XU H L,ZHU P,LI Y,et al. Effects of obstacle on methane-coal dust hybrid explosion and its mitigation with ultra-fine water mist[J]. Journal of applied fire science,2013,23(2):143-155.

[46] AMYOTTE P R. Solid inertants and their use in dust explosion prevention and mitigation[J]. Journal of loss prevention in the process industries,2006,19(2):161-173.

[47] AMYOTTE P R,PEGG M J,KHAN F I. Application of inherent safety principles to dust explosion prevention and mitigation[J]. Process safety and environmental protection,2009,87(1):35-39.

[48] LIU Q M,HU Y L,BAI C H,et al. Methane/coal dust/air explosions and their suppression by solid particle suppressing agents in a large-scale experimental tube[J]. Journal of loss prevention in the process industries, 2013,26(2):310-316.

[49] KLEMENTS R,GIERAS M,KALUZNY M. Dynamics of dust explosions suppression by means of extinguishing powder in various industrial conditions[J]. Journal of loss prevention in the process industries,2007,20(4): 664-674.

[50] DU B,HUANG W,KUAI N,et al. Experimental investigation on inerting mechanism of dust explosion[J]. Procedia engineering,2012,43(5): 338-342.

[51] SEHADRI K,BERLAD A,TANGIRALA V. The structure of premixed particle-cloud flames[J]. Combustion and flame,1992,89(3):333-342.

[52] BIDABADI M,FANAEE A,RAHBARI A. Investigation over the recirculation influence on the combustion of micro organic dust particles[J]. Applied mathematics and mechanics,2010,31(6):685-696.

[53] BIDABADI M,MONTAZERINEJAD S,FANAEE S. The influence of radiation on the flame propagation through micro organic dust particles with non-unity Lewis number[J]. Journal of the energy institute,2014,

87(4):354-366.

[54] BIDABADI M, RAHBARI A. Novel analytical model for predicting the combustion characteristics of premixed flame propagation in lycopodium dust particles[J]. Journal of mechanical science and technology, 2009, 23(9):2417-2423.

[55] BIDABADI M, RAHBARI A. Modeling combustion of lycopodium particles by considering the temperature difference between the gas and the particles[J]. Combustion, explosion, and shock waves, 2009, 45 (3): 278-285.

[56] BIDABADI M, SHAKIBI A, RAHBARI A. The radiation and heat loss effects on the premixed flame propagation through lycopodium dust particles[J]. Journal of the Taiwan institute of chemical engineers, 2011, 42(1):180-185.

[57] BIDABADI M, HAGHIRI A, RAHBARI A. The effect of Lewis and Damköhler numbers on the flame propagation through micro-organic dust particles[J]. International journal of thermal sciences, 2010, 49 (3): 534-542.

[58] HAGHIRI A, BIDABADI M. Modeling of laminar flame propagation through organic dust cloud with thermal radiation effect[J]. International journal of thermal sciences,2010,49(8):1446-1456.

[59] KURDYUMOV V, FERNANDEZ-TARRAZO E. Lewis number effect on the propagation of premixed laminar flames in narrow open ducts[J]. Combustion and flame,2002,128(4):382-394.

[60] LI Q. Transient flame propagation process and flame-speed oscillation phenomenon in a carbon dust cloud[J]. Combustion and flame,2012,159 (2):673-685.

[61] HANAI H, KOBAYASHI H, NIIOKA T. A numerical study of pulsating flame propagation in mixtures of gas and particles[J]. Proceedings of the combustion institute,2000,28(1):815-822.

[62] PROUST C. A few fundamental aspects about ignition and flame propagation in dust clouds[J]. Journal of loss prevention in the process industries,2006,19(2):104-120.

[63] PROUST C. Flame propagation and combustion in some dust-air mixtures [J]. Journal of loss prevention in the process industries, 2006, 19(1):

89-100.

[64] HAN O S, YASHIMA M, MATSUDA T, et al. A study of flame propagation mechanisms in lycopodium dust clouds based on dust particles' behavior[J]. Journal of loss prevention in the process industries, 2001, 14(3): 153-160.

[65] HAN O S, YASHIMA M, MATSUDA T, et al. Behavior of flames propagating through lycopodium dust clouds in a vertical duct[J]. Journal of loss prevention in the process industries, 2000, 13(6): 449-457.

[66] SUN J H, DOBASHI R, HIRANO T. Velocity and number density profiles of particles across upward and downward flame propagating through iron particle clouds[J]. Journal of loss prevention in the process industries, 2006, 19(2): 135-141.

[67] SUN J H, DOBASHI R, HIRANO T. Concentration profile of particles across a flame propagating through an iron particle cloud[J]. Combustion and flame, 2003, 134(4): 381-387.

[68] SUN J H, DOBASHI R, HIRANO T. Combustion behavior of iron particles suspended in air[J]. Combustion science and technology, 2000, 150(1/6): 99-114.

[69] SUN J H, DOBASHI R, HIRANO T. Temperature profile across the combustion zone propagating through an iron particle cloud[J]. Journal of loss prevention in the process industries, 2001, 14(6): 463-467.

[70] 孙金华. PMMA 微粒子云中传播火焰的基本结构[J]. 热科学与技术, 2004, 3(1): 76-80.

[71] 孙金华, 卢平, 刘义. 空气中悬浮金属微粒子的燃烧特性[J]. 南京理工大学学报(自然科学版), 2006, 29(5): 582-585.

[72] BENEDETTO A, GARCIA A A, DUFAUD O, et al. Flame propagation of dust and gas-air mixtures in a tube[C] //MCS 7 Seventh Mediterranean Combustion Symposium. Chia Laguna, Italy: Combustion Institute and the International Centre for Heat and Mass Transfer, 2011.

[73] GAO W, DOBASHI R, MOGI T, et al. Effects of particle characteristics on flame propagation behavior during organic dust explosions in a half-closed chamber[J]. Journal of loss prevention in the process industries, 2012, 25(6): 993-999.

[74] GAO W, MOGI T, SUN J H, et al. Effects of particle thermal characteris-

tics on flame structures during dust explosions of three long-chain mono-basic alcohols in an open-space chamber[J]. Fuel,2013,113:86-96.

[75] GAO W,MOGI T,SUN J H,et al. Effects of particle size distributions on flame propagation mechanism during octadecanol dust explosions[J]. Powder technology,2013,249:168-174.

[76] 高伟,荣建忠,牟宏霖.粒径分布对有机粉尘爆炸中火焰结构的影响[J].燃烧科学与技术,2013,19(2):157-162.

[77] BIELERT U,SICHEL M. Numerical simulation of dust explosions in pneumatic conveyors[J]. Shock waves,1999,9(2):125-139.

[78] CHEN Z H,FAN B. Flame propagation through aluminum particle cloud in a combustion tube[J]. Journal of loss prevention in the process industries,2005,18(1):13-19.

[79] KOSINSKI P. Numerical investigation of explosion suppression by inert particles in straight ducts[J]. Journal of hazardous materials,2008,154(1):981-991.

[80] KOSINSKI P,HOFFMANM A C. An investigation of the consequences of primary dust explosions in interconnected vessels[J]. Journal of hazardous materials,2006,137(2):752-761.

[81] ZHONG S J,DENG X. Modeling of maize starch explosions in a 12 $m^3$ silo [J]. Journal of loss prevention in the process industries,2000,13(3):299-309.

[82] 王健,李新光,钟圣俊,等.大型相连容器中火焰传播的研究[J].中国安全科学学报,2009,19(11):69-74.

[83] 任纯力,李新光,王福利.粉尘云最小点火能数学模型[J].东北大学学报(自然科学版),2009,30(12):1702-1705.

[84] 喻健良,闫兴清,陈玲.密闭容器内微米级铝粉爆炸实验研究与数值模拟 [J].工业安全与环保,2011,37(11):12-15.

[85] 洪滔,秦承森.爆轰波管中铝粉尘爆轰的数值模拟[J].爆炸与冲击,2004,24(3):193-200.

[86] SMIRNOV N,NIKITIN V,LEGROS J C. Ignition and combustion of turbulized dust-air mixtures[J]. Combustion and flame,2000,123(1):46-67.

[87] KOSINSKI P,HOFMANM A C. Dust explosions in connected vessels:mathematical modelling[J]. Powder technology,2005,155(2):108-116.

[88] SKJOLD T,ARNTZEN B J,HANSEN O R,et al. Simulating dust explo-

sions with the first version of DESC[J]. Process safety and environmental protection,2005,83(2):151-160.

[89] SKJOLD T,ARNTZEN B J,HANSEN O R,et al. Simulation of dust explosions in complex geometries with experimental input from standardized tests[J]. Journal of loss prevention in the process industries,2006,19(2-3):210-217.

[90] SKJOLDT,CASTELLANOS D,OLSEN K L,et al. Experimental and numerical investigation of constant volume dust and gas explosions in a 3.6 m flame acceleration tube [J]. Journal of loss prevention in the process industries,2014,30:164-176.

# 2 煤粉燃烧动力学试验研究

## 2.1 引　　言

对于粉尘爆炸方面的研究,许多研究人员主要集中在爆炸敏感性和爆炸强度参数[1-5]方面,如粉尘云的最小爆炸浓度、最大爆炸压力、压力上升速率等。目前也有一些学者对粉尘爆炸燃烧机理方面的探索[6-10],但对煤粉燃烧的同步热分析仍需进一步研究。

TG/DTG-QMS-FTIR 联用技术是目前世界上最先进的同步热分析技术之一,在样品的升温过程中不但可以获取动力学参数,还可以利用质谱和红外光谱对逸出的气相产物进行同步检测,对研究煤粉反应过程以及推断反应机理提供了必要的信息[11-15]。朱成成等[16]利用热重分析在模拟锅炉气氛下对煤粉进行燃烧实验并建立动力学模型,研究模拟锅炉气氛下煤燃烧的特性及其动力学。阮敏等[17]采用综合热分析仪对褐煤的燃烧特性参数进行了研究,并通过扫描电镜和 X 射线荧光光谱仪对灰渣进行了表征;针对不黏煤煤粉生产过程的氧化自燃灾害,采用 TG 分析实验,研究煤粉在空气条件下的氧化参数与动力学特征。姜峰等[18]利用 FTIR-850 红外光谱仪对煤粉做红外光谱图分析,研究不同氧化温度下煤化学结构的官能团变化。结果表明,不同氧化温度煤粉所含官能团的数量有一定的区别。此外,研究学者还结合数值模拟手段针对煤粉燃烧的动力学特性进行了相关研究[19-25]。

为此,本章利用 TG/DTG-QMS-FTIR 联用技术对煤粉的燃烧过程进行了研究,在试验研究的基础上对煤粉燃烧过程从动力学方面进行了阐述。

## 2.2 煤粉燃烧试验方法

### 2.2.1 试验样品

在试验开始前,对煤粉进行工业分析和元素分析,结果见表 2-1。由表中可以看出,煤粉中的挥发分为 41.75%,大于 37%,因此研究对象属于高挥发性褐煤;样品粉碎、过筛后对样品的形貌通过扫描电子显微镜(SEM)进行表征,同时采用激光粒度仪对煤粉进行粒径分布分析。图 2-1 和图 2-2 分别为过 200 目 (75 μm)筛煤粉的扫描电子显微镜图和粒径分布图。根据粒度分析结果可知,大部分煤粉粒径分布在 $10\sim100$ μm 范围内,煤粉的中位粒径为 34 μm。扫描电子显微镜图片显示煤粉粒径不均匀和形貌不规则,这也是造成部分煤粉粒径大于 75 μm 的原因。由图 2-1 和图 2-2 可以看出,煤粉的扫描电子显微镜图与激光粒度分析结果吻合较好。

表 2-1　煤粉的工业分析和元素分析　　　　　　　　　　　单位:%

| 样品 | 工业分析 | | | | 元素分析 | | | | |
|------|------|------|------|------|------|------|------|------|------|
| | 水分 | 灰分 | 挥发分 | 固定碳 | C | H | O* | N | S |
| 煤粉 | 3.54 | 14.46 | 41.75 | 40.25 | 57.05 | 4.43 | 36.54 | 1.12 | 0.86 |

注:* 差减计算。

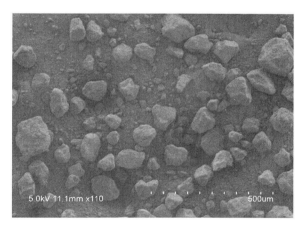

图 2-1　煤粉的扫描电子显微镜图片

## 2.2.2　试验方法

本章采用的是 NETESCH-STA449C 型热重分析仪、NETESCH-QMS403C 型质谱仪和 NCOLET 6700 型傅里叶红外光谱仪联用仪器(即 TG/DTG-QMS-FTIR 联用),对煤粉升温燃烧过程的产物进行实时追踪分析,揭示煤粉燃烧的发生机理。

本试验测试的过程如下:

(1) 将 TG/DTG-QMS-FTIR 联用仪的进气、出气管路和控温接口依次连

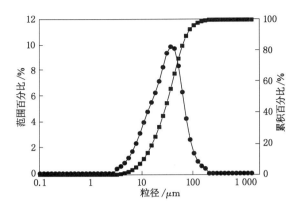

图 2-2　煤粉的粒径分布图

接,控制反应温度的范围在 30～700 ℃。

（2）打开空气瓶,调节流量计,以 10 mL/min 的流量通入空气;试验使用氧化铝坩埚,煤粉样品为 10 mg;打开控温装置,升温速率分别为 5 ℃/min、10 ℃/min、15 ℃/min、20 ℃/min。

（3）质谱仪电离的电子能量设为 70 eV,气体接口为石英毛细管,压力为 0.1 MPa,毛细管工作温度 200 ℃。

（4）傅里叶红外光谱仪波谱扫描范围为 650～4 000 cm$^{-1}$,热分析仪与红外仪之间的气相产物传送连接管和红外原位池的温度为 200 ℃。

（5）待煤粉温度达到 30 ℃后,启动 TG/DTG-QMS-FTIR 联用仪,连续采集煤粉在氧化燃烧过程中的红外光谱数据,直到煤粉温度达到 700 ℃为止。

# 2.3　煤粉燃烧热分析动力学研究

## 2.3.1　煤粉燃烧过程中的 TG/DTG 热分析

对煤粉燃烧进行热分析主要采取热重量法（TG）和导数热重量法（DTG）,热重量法是在温度程序控制下测量试样的重量随温度变化的一种热分析技术。可在加热过程中连续称量试样质量的仪器称热天平。试样在加热（冷却）过程中如有脱附（吸附）、蒸发、升华、脱水、热分解或与气体反应等情况发生时,伴随有重量变化,记录试样重量随温度变化关系的曲线称热重量曲线或 TG 曲线。导数热重量法（DTG）是记录 TG 曲线对温度或时间的一阶导数的一种技术,DTG 曲线是一种质量（重量）变化的速率。

图 2-3 和图 2-4 分别为煤粉不同升温速率下的 TG 和 DTG 曲线图。从 TG 曲线可以看出：在初始阶段，煤粉从 30 ℃开始加热，TG 曲线开始失重，当样品温度在 100～300 ℃时，TG 曲线平缓下降，失重减缓，当煤粉被加热到 300 ℃以后，煤粉开始迅速失重。从 DTG 曲线显示出失重速率同样可以看出，煤的燃烧是分两步进行的，即低温燃烧阶段和高温燃烧阶段。当温度低于 150 ℃时，煤粉存在一个较弱的峰，此阶段为煤粉的低温燃烧阶段，这期间主要是煤粉中水分的挥发以及煤粉中易挥发性的气体逸出引起的燃烧失重过程；继续升高温度，煤粉的失重速率反而下降，这期间主要是因为煤粉中外在的水分已经完全挥发出来，而煤粉中的轻质挥发分释放量较少，因此失重速率减小；煤粉温度在 150～300 ℃，失重速率较低；当温度超过 300 ℃时，煤粉的失重速率逐渐增大，在 400 ℃左右时达到最大失重速率，此阶段为煤粉的高温燃烧阶段，这期间主要是煤粉中一些难以挥发的有机质着火，燃烧放出大量热量，引起固定碳燃烧所致。煤粉经过一段时间的燃烧，直至最终样品质量不再发生变化，此时样品中的残留物为煤粉中的灰分，残留物质量分数约为煤粉总质量的 15%，与表 2-1 中煤粉的工业分析中的灰分基本一致。

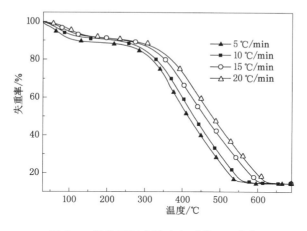

图 2-3　煤粉不同升温速率下的 TG 曲线

同时，由 TG 曲线和 DTG 曲线可以看出，不同升温速率下煤粉的 TG 曲线和 DTG 曲线大致相同，失重率也基本相同，这说明升温速率对同种煤粉的失重影响不大；但是从这些煤粉的 TG 曲线和 DTG 曲线同时可以看出，升温速率对煤粉的失重过程有一定影响，并且表现出一定的规律性。由 TG 曲线可以看出，随着升温速率增加，煤粉析出挥发分的起始温度偏高；由 DTG 曲线可以看出，随着升温速率增大，DTG 曲线峰值向后推移。其原因是煤粉在加热过程中，随

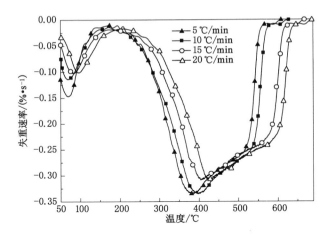

图 2-4　煤粉不同升温速率下的 DTG 曲线

着升温速率的增加,煤粉燃烧表现出一定的延迟性,即在相同温度区间内,升温速率越快,反应持续的时间就越短,而空气的扩散和热量的传递都需要一个反应时间,因此造成反应后移。

### 2.3.2　煤粉燃烧动力学参数的计算与分析

根据质量作用定律,反应动力学方程可表示如下:

$$\frac{\mathrm{d}\alpha}{\mathrm{d}t} = kf(\alpha) \tag{2-1}$$

式中,$\alpha$ 为转化率;$f(\alpha)$[26] 为反应机理函数,$k$ 为反应速率常数。

对于多数反应,$k$ 遵循阿伦尼乌斯(Arrhenius)方程:

$$k = A\exp\left(-\frac{E}{RT}\right) \tag{2-2}$$

式中,$E$、$A$、$T$、$R$ 分别为表观活化能、指前因子、热力学温度和普适气体常量。

联立式(2-1)和式(2-2),并将升温速率常数 $\beta = \mathrm{d}T/\mathrm{d}t$ 代入,可得:

$$\frac{\mathrm{d}\alpha}{\mathrm{d}T} = \frac{A}{\beta}\exp\left(-\frac{E}{RT}\right)f(\alpha) \tag{2-3}$$

在非等温非均相体系中,式(2-3)为热分析动力学方程。热分析动力学是对样品进行研究,计算出热分解动力学参数,如指前因子、表观活化能以及反应机理函数等动力学参数,可以描述其分解反应。其他经典热分析动力学方程都是在此基础上演化而来的,如基辛格(Kissinger)法、弗里德曼(Friedman)法和小泽(Ozawa)法。

（1）Kissinger 法

Kissinger 法[27-28]在热分析动力学领域最为常用,作为经典动力学的一种计算方法,主要是计算分解峰温($T_{max}$)处的活化能和指前因子等特征参数。运用 Kissinger 法时,则其反应机理函数须满足 $f(\alpha)=(1-\alpha)^n$,这一点同样是 Kissinger 法的局限所在。

Kissinger 法的计算公式主要推导如下:

在 $T_{max}$ 处反应速率最大,因此在 $T_{max}$ 处:

$$\frac{\mathrm{d}}{\mathrm{d}t}\left(\frac{\mathrm{d}\alpha}{\mathrm{d}t}\right)=0 \tag{2-4}$$

联立式(2-1)至式(2-4),可得:

$$\frac{E}{RT_{max}^2}=\frac{An}{\beta}(1-\alpha_{max})^{n-1}\exp\left(-\frac{E}{RT_{max}}\right) \tag{2-5}$$

当式(2-5)中 $n=1$ 时:

$$\frac{E}{RT_{max}^2}=\frac{A}{\beta}\exp\left(-\frac{E}{RT_{max}}\right) \tag{2-6}$$

当式(2-5)中 $n\neq 0$ 且 $n\neq 1$ 时,展开可推导出以下近似关系式:

$$n(1-\alpha_{max})^{n-1}\approx 1+(n-1)\left(\frac{2RT_{max}}{E}\right) \tag{2-7}$$

因为$[(n-1)(2RT_{max}/E)]\leqslant 1$,式(2-7)可近似推导为:

$$n(1-\alpha_{max})^{n-1}\approx 1 \tag{2-8}$$

将式(2-8)代入式(2-5),可以得到与式(2-6)相同的近似关系式。因此,相关学者认为式(2-6)与反应级数是没有关系的,整理可得:

$$\ln\frac{\beta}{T_{max}^2}=\ln\frac{RA}{E}-\frac{E}{R}\frac{1}{T_{max}} \tag{2-9}$$

对不同升温速率 $\beta$ 条件下的数据进行分析,根据测试结果绘制出热分解曲线,求解出一系列相对应的 $T_{max}$,再以 $\ln(\beta/T_{max}^2)$ 对 $1/T_{max}$ 作关系线,将得到一条直线,表观活化能和指前因子的值分别对应其直线的斜率和截距。

Kissinger 法的假设为分解峰值温度点是最大反应速率,但是这个假设是缺少科学依据的。在实际中,分解峰温处有时并不是最大反应速率,这同样是该方法的局限之处。Kissinger 法在迅速求解方面与实际情况相似,其他方法则没有,这正是该方法在计算求解反应级数的优势所在。

（2）Friedman 法

在热分析动力学领域中,经典等转化率微分方法最为常用,而 Friedman 法[29]是其中较为典型的一种。在计算过程中,Friedman 法不需要对物质的反应进行假设,可得到反应进程的表观活化能。该方法不能得出 $f(\alpha)$ 的值,只可

求得 $A$ 与 $f(\alpha)$ 的乘积，这样避免了反应进程中的诸多假设，使计算结果更具有普适性。计算的表观活化能与反应进程函数的关系曲线，判断反应过程中的反应机理。

利用 Friedman 法计算时，先对式（2-1）两边取对数，再将式（2-2）代入，整理可得：

$$\ln \frac{\mathrm{d}\alpha}{\mathrm{d}t} = \ln\left[Af(\alpha)\right] - \frac{E}{RT} \tag{2-10}$$

$$\ln \frac{\beta\mathrm{d}\alpha}{\mathrm{d}T} = \ln\left[Af(\alpha)\right] - \frac{E}{RT} \tag{2-11}$$

绘制 $\ln \frac{\beta\mathrm{d}\alpha}{\mathrm{d}T}$ 与 $1/T$ 的关系图，再对其数据进行线性拟合。在线性升温条件下，表观活化能由拟合曲线斜率可得出；在反应机理函数已知情况下，指前因子由截距求解得出。需要特别注意的是，式（2-11）还可运用于等温试验数据的计算。与上述一致，绘制 $\ln \frac{\mathrm{d}\alpha}{\mathrm{d}t}$ 与 $1/T$ 的关系图，在等温条件下，从图中即可得到相应的表观活化能。该 Friedman 方法有诸多特点：

① 在求解过程中，没有假设条件以至于没有反应机理函数 $f(\alpha)$ 的约束。

② 因为在对 $\mathrm{d}\alpha/\mathrm{d}T$ 计算时，使用了 $\Delta\alpha/\Delta T$ 来代替，导致其缺点误差比较大。

③ 在热分析动力学计算过程中，采用数学原理对实验数据进行分析，研究发现，当步长 $\Delta\alpha$ 与 $\Delta T$ 的值越小，试验结果才会更接近。当然，在实际情况下，$\Delta\alpha$ 及 $\Delta T$ 的值不稳定，容易导致试验结果不准。

④ 若使 $\mathrm{d}\alpha/\mathrm{d}T$ 值用 $\Delta\alpha/\Delta T$ 来进行替换，在数学分析过程中会有误差产生，进行计算时 Friedman 法需要多个 $\alpha$-$T$ 的图。

（3）Ozawa 法

Ozawa 法作为热力学领域较为常用的计算方法，与 Kissinger 法不同之处在于，它可以计算物质的表观活化能随转化率的变化情况，为热稳定性预测提供可靠数据[30-31]。

具体计算过程如下：

利用 Ozawa 法对式（2-1）积分，得：

$$\int_0^\alpha \frac{\mathrm{d}\alpha}{f(\alpha)} = \frac{A}{\beta}\int_{T_0}^T \exp\left(-\frac{E}{RT}\right)\mathrm{d}T \tag{2-12}$$

考虑开始反应时温度 $T_0$ 较低，反应速率可忽略不计，两侧可在 $0\sim\alpha$ 和 $0\sim T$ 之间积分，即：

$$\int_0^\alpha \frac{\mathrm{d}\alpha}{f(\alpha)} = \frac{A}{\beta}\int_0^T \exp\left(-\frac{E}{RT}\right)\mathrm{d}T \tag{2-13}$$

$$G(\alpha) = \int_0^\alpha \frac{\mathrm{d}\alpha}{f(\alpha)} \tag{2-14}$$

$$\Lambda(T) = \int_0^T \exp\left(-\frac{E}{RT}\right)\mathrm{d}T \tag{2-15}$$

式(2-13)称为转化率函数积分,式(2-14)和式(2-15)分别称为温度积分或玻尔兹曼(Boltzman)因子,由于在数学上无解,所以只能得到数值解或近似解。

为了得到温度积分的近似解,令

$$u = \frac{E}{RT} \tag{2-16}$$

由 $T = \dfrac{E}{Ru}$ 可知:

$$\mathrm{d}T = -\frac{E}{Ru^2}\mathrm{d}u \tag{2-17}$$

于是可将式(2-14)转化为:

$$G(\alpha) = \frac{A}{\beta}\int_0^T \exp\left(-\frac{E}{RT}\right)\mathrm{d}T = \frac{AE}{\beta R}\int_\infty^u \frac{-\mathrm{e}^{-u}}{u^2}\mathrm{d}u = \frac{AE}{\beta R}P(u) \tag{2-18}$$

式中,$E/R$ 为常数,解温度积分的问题就变为寻找函数 $P(u) = \displaystyle\int_\infty^u \frac{-\mathrm{e}^{-u}}{u^2}\mathrm{d}u$ 的问题。

在此处使用的是多伊尔(Doyle)近似式:

$$P_\mathrm{D}(u) = 0.004\,84\mathrm{e}^{-1.0516u} \tag{2-19}$$

$$\lg P_\mathrm{D}(u) = -2.315 - 0.456\,7\frac{E}{RT} \tag{2-20}$$

由式(2-18)和式(2-20),得:

$$\lg \beta = \lg \frac{AE}{RG(\alpha)} - 2.315 - 0.456\,7\frac{E}{RT} \tag{2-21}$$

式(2-21)中的反应转化率 $\alpha$ 可由 TG 曲线求得:

$$\alpha = \left(\frac{w_0 - w}{w_0 - w_\infty}\right) \tag{2-22}$$

式中,$w_0$ 和 $w_\infty$ 分别为样品的初始与最终的质量;$w$ 为 $t$ 时刻未反应的试样质量。

本章采用经典的 Ozawa 方法对煤粉燃烧进行动力学分析,通过图 2-3 煤粉的 TG 曲线图($\beta$ 分别为 5 ℃/min,10 ℃/min,15 ℃/min,20 ℃/min)可以得出不同转化率条件下煤粉的温度,见表 2-2。

表 2-2　不同转化率下煤粉的温度

| $\beta/(K \cdot min^{-1})$ | $T/℃$ | | | | | | | | |
|---|---|---|---|---|---|---|---|---|---|
| | 0.1 | 0.2 | 0.3 | 0.4 | 0.5 | 0.6 | 0.7 | 0.8 | 0.9 |
| 5 | 365.9 | 573.3 | 615.2 | 639.0 | 666.2 | 692.9 | 721.5 | 752.1 | 784.4 |
| 10 | 419.5 | 585.0 | 616.9 | 655.4 | 681.1 | 707.8 | 736.6 | 767.1 | 799.3 |
| 15 | 459.1 | 608.5 | 649.8 | 679.0 | 707.6 | 737.3 | 768.9 | 802.4 | 837.7 |
| 20 | 494.7 | 624.2 | 668.6 | 698.6 | 727.1 | 756.8 | 788.3 | 821.9 | 857.2 |

由于在不同 $\beta$ 下,选择相同 $\alpha$,则 $\lg \dfrac{AE}{RG(\alpha)}$ 是恒定值,因此可以用 $-\lg \beta$ 对 $1/T$ 呈线性来确定活化能 $E$ 的值,如图 2-5 和图 2-6 所示。

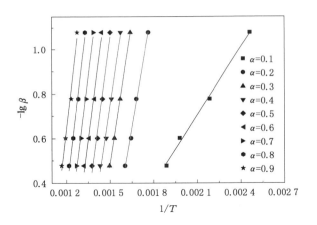

图 2-5　Ozawa 法求得的 $-\lg \beta$ 对 $1/T$ 线性关系图

图 2-5 分别列出了转化率在 0.1～0.9 间的 $-\lg \beta$ 和 $1/T$ 的线性关系,由此计算出不同转化率条件下煤粉的活化能,如图 2-6 所示。当煤粉转化率为 0.1～0.2 时,活化能在 20～70 kJ/mol,此时活化能较低。对比图 2-3 和图 2-4 煤粉不同升温速率下的 TG 曲线和 DTG 曲线图可知,此阶段为煤粉的低温燃烧阶段。随着煤粉转化率的增大,煤粉进入高温燃烧阶段,煤粉的活化能进一步上升,煤粉发生化学反应的难度系数逐渐增加。当转化率达到 0.9 时,煤粉的活化能上升到 99 kJ/mol。

活化能是化学反应中一个重要的参数。在温度较低的条件下,由于外界提供的能量较少,煤粉中活化能较低的官能团首先发生反应并放出热量,随着煤粉温度的升高,活化能较高的基团才逐渐被活化并发生反应。从阿伦尼乌斯经验

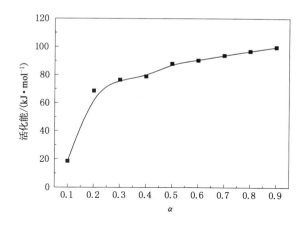

图 2-6　Ozawa 法求得的不同转化率条件下煤粉的活化能

公式中可知,活化能的数值对反应速率的影响很大,活化能越小,反应速率越大;另外,活化能越小,则反应的活性越好,越容易发生化学反应。

Ozawa 法避开了反应机理函数的选择而直接求出活化能值。与其他方法相比,它避免了因反应机理函数的假设而可能带来的误差。因此,该方法往往被其他的学者用来检验由他们假设反应机理函数的方法求出的活化能,这是Ozawa 法的一个突出优点[32]。

### 2.3.3　煤粉燃烧主要气体产物的质谱-红外光谱分析

采用 TG/DTG-QMS-FTIR 联用仪器对煤粉燃烧气体产物进行质谱-红外光谱官能团实时追踪。

煤粉升温过程中,分别跟踪了质荷比 $m/z=18$、$m/z=44$、$m/z=2$、$m/z=28$、$m/z=16$、$m/z=30$、$m/z=42$、$m/z=54$、$m/z=56$、$m/z=92$、$m/z=104$ 和 $m/z=106$ 的质谱图,如图 2-7 所示。当煤粉达到一定温度后,会有气体逸出。从图 2-7 质谱图的离子流强度可以看出,煤粉氧化燃烧的主要产物的质荷比为 $m/z=18$ 和 $m/z=44$,离子流强度数量级为 $10^{-9}$ A;随着煤粉燃烧进程加快,煤粉的部分分解产物来不及与空气发生反应,因而产生部分质荷比 $m/z=2$、$m/z=28$ 和 $m/z=16$ 等气体,其中,$m/z=2$、$m/z=28$、$m/z=16$、$m/z=30$ 和 $m/z=42$ 的离子流强度数量级为 $10^{-10}$ A;随着质荷比 $m/z$ 的增大,检测到的离子强度逐渐减小,$m/z=54$ 和 $m/z=56$ 的离子流强度数量级为 $10^{-11}$ A,$m/z=92$、$m/z=104$ 和 $m/z=106$ 的离子流强度数量级为 $10^{-12}$ A。

图 2-8 和图 2-9 分别为煤粉燃烧气体产物的 3D 原位红外光谱图和不同温度

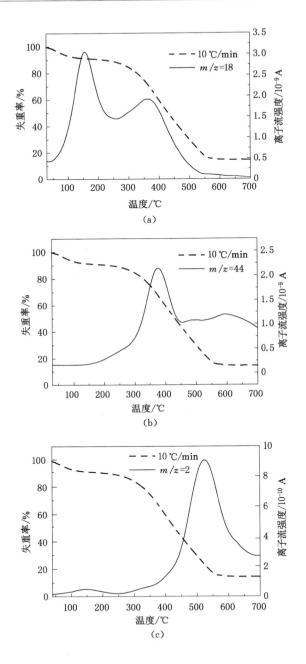

图 2-7　煤粉燃烧后气体产物的质谱图

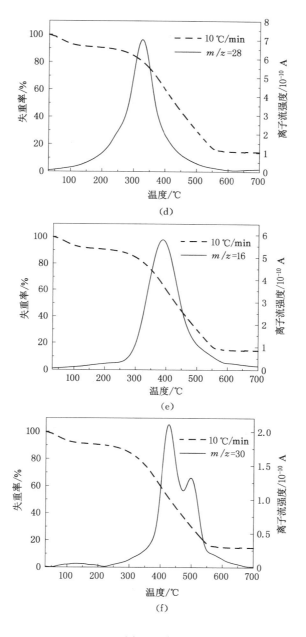

图 2-7(续)

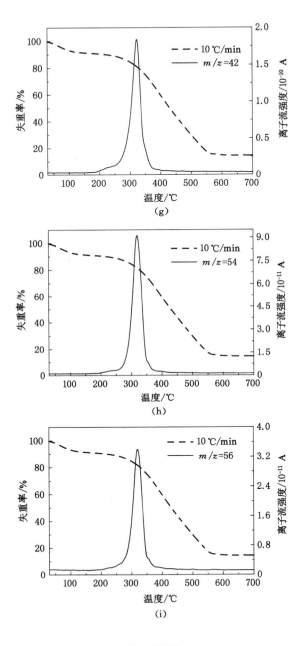

图 2-7（续）

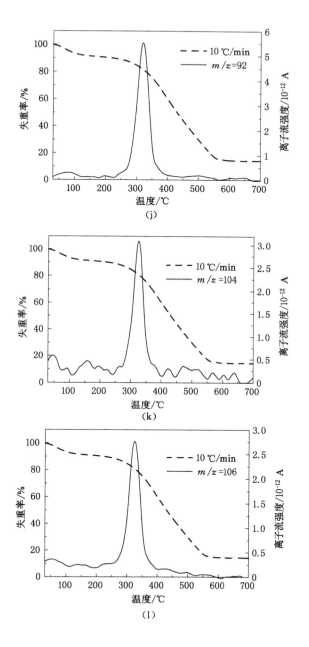

图 2-7(续)

下煤粉燃烧气体产物的原位红外光谱图。根据图 2-7(a)追踪到的质荷比为 $m/z=18$ 的气体产物的质谱图,对照图 2-8 和图 2-9 可以看出,波数在 3 733.3 $cm^{-1}$、3 572.7 $cm^{-1}$、1 775.1 $cm^{-1}$ 附近有水蒸气的特征吸收峰,因此确定此气体产物为 $H_2O$。由此可知,图 2-7(a)代表的是煤粉燃烧产生的水蒸气逸出量的变化情况。在试验初期产生的水蒸气的量较少,这期间逸出的主要是煤粉物理吸附的外在水分,100 ℃之后水蒸气的量开始迅速增加,在 100~200 ℃有一个逸出峰,在 157 ℃时达到最大值,这期间逸出的主要是煤粉中的内在结合水以及煤粉中的轻质挥发分参与燃烧反应生成的水。在 350~400 ℃有第二个逸出峰,由峰高可以看出水的逸出量在 387 ℃时达到最大,在这期间逸出的水分主要由温度升高、煤中较稳定的含氧官能团的断裂分解以及煤中重烃类物质的氧化燃烧产生[33]。随着温度的继续升高,水的逸出量急速减小,达到 550 ℃之后几乎无变化。

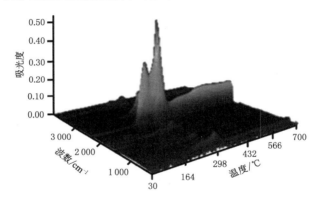

图 2-8　煤粉燃烧气体产物的 3D 原位红外光谱图

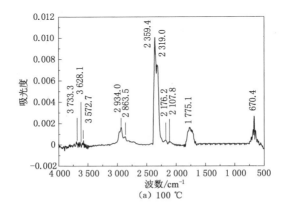

(a) 100 ℃

图 2-9　不同温度下煤粉燃烧气体产物的原位红外光谱图

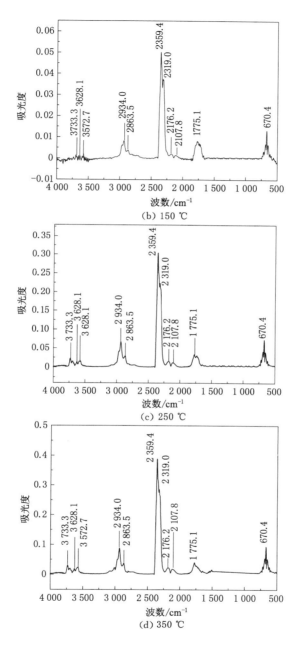

(b) 150 ℃

(c) 250 ℃

(d) 350 ℃

图 2-9(续)

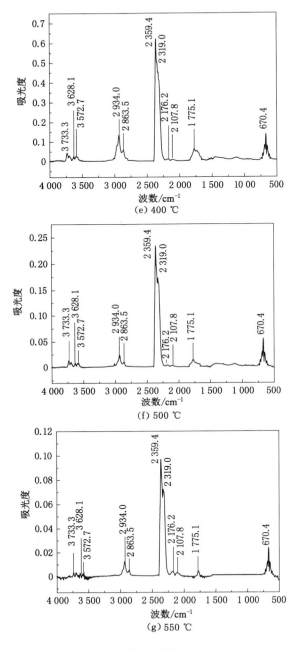

图 2-9(续)

图 2-7(b)追踪到质荷比为 $m/z=44$ 的气体产物质谱图,可能为 $CO_2$ 或 $N_2O$;由表 2-1 煤粉的元素分析可知,煤粉中的 N 元素含量为 1.12 %,和 C 元素含量相比几乎可以忽略。此外,对照图 2-8 和图 2-9 气体产物的原位红外光谱图可以看出,在 2 319 cm$^{-1}$、2 359.4 cm$^{-1}$、670.4 cm$^{-1}$ 以及 3 590~3 732 cm$^{-1}$ 附近有明显的 $CO_2$ 的特征吸收峰。由此可知,图 2-7(b)代表的是煤粉燃烧产生的 $CO_2$ 逸出量的变化。从室温至 150 ℃ 基本上没有 $CO_2$ 逸出,在 150~300 ℃ 有少量的 $CO_2$ 逸出,但逸出量和逸出速率不是很大,这期间逸出的主要是煤粉颗粒自身孔径吸附的 $CO_2$;250 ℃ 以后,$CO_2$ 的逸出量急速增大;在 390 ℃ 时达到最大值,出现第一个逸出峰,从峰高可以看出逸出量较大,这部分 $CO_2$ 主要来自部分键能较小的羧基官能团的断裂分解以及烃类物质的燃烧氧化;随着温度的继续升高,逸出量逐渐减小,但在 500 ℃ 之后又出现一个很宽的逸出峰,这部分 $CO_2$ 可能来自高温条件下煤粉中固定碳的燃烧以及脱羧反应[34]。

图 2-7(c)追踪到质荷比为 $m/z=2$ 的气体产物质谱图,确定为 $H_2$ 的质谱图,由于 $H_2$ 在中红外光谱范围内没有吸收,因此在原位红外光谱图上看不到 $H_2$ 的特征吸收峰。从质谱图中可以看出,$H_2$ 在 450 ℃ 之前的逸出量较少;450 ℃ 之后,随着温度的升高,煤粉产生的 $H_2$ 来不及与空气发生反应,因此 $H_2$ 逸出量逐渐升高;518 ℃ 左右达到峰值,之后逸出量逐渐降低。$H_2$ 主要是由高温阶段煤粉中烃类物质的裂解产生的 H·自由基之间的碰撞以及芳香结构和氢化芳香结构的缩聚脱氢反应产生的[35]。

图 2-7(d)追踪到质荷比为 $m/z=28$ 的气体产物质谱图,可能为 CO 或 $C_2H_4$;对照气体产物的原位红外光谱图可以看出,在 2 176.2 cm$^{-1}$ 和 2 107.8 cm$^{-1}$ 附近有吸收峰,属于 CO 的特征吸收峰,因此可以确定图 2-7(d)代表的是煤粉燃烧产生的 CO 逸出量的变化情况。在煤粉升温初期即有 CO 气体逸出,该部分是煤粉自身吸附的 CO;随着温度的升高,CO 逸出量逐渐增大,在 265~500 ℃ 有一个逸出峰,在 330 ℃ 左右出现峰值,该部分的 CO 主要来自煤粉中羰基、醚氧基以及氧杂环[36]的断裂分解和煤粉燃烧过程中局部氧气供应不足而导致碳及大分子的 $C_xH_y$ 未被完全氧化产生的 CO。

图 2-7(e)追踪到质荷比为 $m/z=16$ 的气体产物质谱图,可能为 $CH_4$;对照气体产物的原位红外光谱图可以看出,在 2 863 cm$^{-1}$ 和 2 934 cm$^{-1}$ 附近有吸收峰,属于 $CH_4$ 的特征吸收峰,因此可以确定图 2-7(e)代表的是煤粉燃烧产生的 $CH_4$ 逸出量的变化情况。在煤粉升温到 280 ℃ 之前仅有少量的 $CH_4$ 逸出,这部分 $CH_4$ 可能来自煤粉自身吸附的 $CH_4$;随着温度的继续升高,在 280 ℃ 之后 $CH_4$ 的逸出量逐渐增大;在 300~500 ℃ 出现一个逸出峰,该逸出峰在 387 ℃ 左右达到最高值,这期间 $CH_4$ 的析出主要来自含有甲基官能团的脂肪链和芳香链

的断裂分解。

此外,图 2-7 还检测到少量的质荷比为 $m/z=30$、$m/z=42$、$m/z=54$、$m/z=56$、$m/z=92$、$m/z=104$、$m/z=106$ 的气体产物质谱图。由此可知,煤粉的氧化燃烧过程中生成含有多个碳原子的烃类 $C_xH_y$,但由于其离子流强度与 $CO_2$、$H_2O$、CO 和 $CH_4$ 等离子流强度相比太小,在气体产物的原位红外光谱图上吸收峰不明显,说明煤粉燃烧过程中会有少量的大分子的 $C_xH_y$ 逸出。

由以上分析可知煤粉燃烧产生的主要气体产物为 $H_2O$、$CO_2$、$H_2$、CO 和 $CH_4$,相对分子质量较大的 $C_xH_y$ 含量较少。其中,$H_2O$、$CO_2$、CO 和 $CH_4$ 有明显的红外特征吸收峰,见表 2-3。此外,通过图 2-8 和图 2-9 还可以看出,煤粉燃烧产生的主要气体产物的红外光谱特征吸收峰的变化规律。从图中可以看出,在 100 ℃ 左右,有少量的 $H_2O$、$CO_2$ 以及 $C_xH_y$ 逸出,随着温度的升高,这些主要气体的量逐渐增大;从 $CO_2$ 吸收峰的变化规律可以看出,在 100 ℃ 时吸收峰很弱,随着温度的升高,吸收峰强度逐渐增大,在 400 ℃ 左右达到最大值,继续增加温度,$CO_2$ 的吸收峰强度开始减弱,在 500 ℃ 之后又出现了上升的趋势,之后逐渐减弱,这与 $CO_2$ 质谱图的变化规律相一致。$H_2O$ 和 $CH_4$ 的红外吸收峰的强度较弱,规律不太明显,但 100 ℃ 之后随着温度的增加,强度逐渐提高,在 400 ℃ 左右达到最大,继续加热,吸收峰强度持续下降,与两种气体的质谱图也较吻合。由于 CO 红外吸收峰的强度太弱,看不出明显的红外特征吸收峰变化规律。

表 2-3　煤粉燃烧主要气体产物的红外光谱特征峰归属表

| 谱峰位置/$cm^{-1}$ | 气体产物 |
|---|---|
| 3 500～3 750 | $H_2O$ |
| 1 165～1 180 | |
| 3 590～3 732 | $CO_2$ |
| 2 100～2 400 | |
| 671 | |
| 2 000～2 200 | CO |
| 2 800～3 100 | $CH_4$ |

# 2.4　本章小结

本章利用 TG/DTG-QMS-FTIR 同步联用技术对煤粉的热分解过程进行了研究,并对煤粉燃烧气体产物进行实时追踪,在试验研究的基础上对煤粉燃烧动

力学参数进行分析,主要结论如下:

(1) 通过 TG/DTG 曲线对煤粉在不同升温速率的热分解过程进行了试验研究,分析了煤粉升温过程中的主要燃烧阶段。由不同升温速率下的 TG/DTG 曲线可以看出,煤粉的燃烧过程分为低温燃烧阶段和高温燃烧阶段,低温燃烧阶段主要是煤粉中水分的挥发以及煤粉中易挥发性的气体逸出而引起的燃烧失重,高温燃烧阶段主要是煤粉中一些难于挥发的有机质燃烧,放出大量的热量,引起固定碳燃烧。

(2) 通过 TG/DTG 曲线对煤粉燃烧动力学参数进行了相应的计算与分析,得出了煤粉的活化能随着煤粉转化率的增加而逐渐上升的规律表明了煤粉发生化学反应的难度系数随其活化能增加而逐渐增大。在温度较低的条件下,煤粉中只有活化能较低的基团首先发生了反应并放出热量,随着煤粉温度的升高,活化能较高的基团才逐渐被活化并发生反应。

(3) 通过质谱-红外联用仪器对煤粉燃烧气体产物进行了研究,得出了煤粉燃烧生成的主要气体产物为 $H_2O$、$CO_2$、$H_2$、$CO$ 和 $CH_4$,而相对分子质量较大的 $C_xH_y$ 含量较少的结论。

# 本章参考文献

[1] CASHDOLLAR K L. Overview of dust explosibility characteristics[J]. Journal of loss prevention in the process industries,2000,13(3):183-199.

[2] XU H,LI Y,ZHU P,et al. Experimental study on the mitigation via an ultra-fine water mist of methane/coal dust mixture explosions in the presence of obstacles[J]. Journal of loss prevention in the process industries, 2013,26(4):815-820.

[3] XU H,WANG X,GU R,et al. Experimental study on characteristics of methane-coal-dust mixture explosion and its mitigation by ultra-fine water mist[J]. Journal of engineering for gas turbines and power,2012,134(6): 1-6.

[4] AMYOTTE P R. Solid inertants and their use in dust explosion prevention and mitigation[J]. Journal of loss prevention in the process industries, 2006,19(2):161-173.

[5] BIDABADI M,MONTAZERINEJAD S,FANAEE S. The influence of radiation on the flame propagation through micro organic dust particles with non-unity Lewis number[J]. Journal of the energy institute,2014,87(4):

354-366.

[6] SUN J H, DOBASHI R, HIRANO T. Concentration profile of particles across a flame propagating through an iron particle cloud[J]. Combustion and flame, 2003, 134(4): 381-387.

[7] SUN J H, DOBASHI R, HIRANO T. Temperature profile across the combustion zone propagating through an iron particle cloud[J]. Journal of loss prevention in the process industries, 2001, 14(6): 463-467.

[8] GAO W, DOBASHI R, MOGI T, et al. Effects of particle characteristics on flame propagation behavior during organic dust explosions in a half-closed chamber[J]. Journal of loss prevention in the process industries, 2012, 25(6): 993-999.

[9] GAO W, MOGI T, SUN J H, et al. Effects of particle thermal characteristics on flame structures during dust explosions of three long-chain monobasic alcohols in an open-space chamber[J]. Fuel, 2013, 113: 86-96.

[10] DOBASHI R, SENDA K. Detailed analysis of flame propagation during dust explosions by UV band observations[J]. Journal of loss prevention in the process industries, 2006, 19(2): 149-153.

[11] LI Y C, CHENG Y. Investigation on the thermal stability of nitroguanidine by TG/DSC-MS-FTIR and multivariate non-linear regression[J]. Journal of thermal analysis and calorimetry, 2010, 100(3): 949-953.

[12] LI Y C, CHENG Y, HUI Y L, et al. The effect of ambient temperature and Boron content on the burning rate of the $B/Pb_3O_4$ delay compositions [J]. Journal of energetic materials, 2010, 28(2): 77-84.

[13] LI Y C, CHENG Y, YE Y H, et al. Supplement on applicability of the Kissinger equation in thermal analysis[J]. Journal of thermal analysis and calorimetry, 2009, 102(2): 605-608.

[14] 刘鸿. 红外和热分析联用在化工产品研究中的应用[J]. 环境技术, 2005, 23(1): 43-45.

[15] 陆昌伟, 奚同庚. 热分析质谱法的发展历史沿革、现状和展望[J]. 上海计量测试, 2002, 29(2): 8-11.

[16] 朱成成, 邢献军, 陈泽宇, 等. $O_2/CO_2/N_2$气氛下玉米秸秆混煤燃烧特性及动力学分析[J]. 太阳能学报, 2021, 42(1): 385-391.

[17] 阮敏, 曾志豪, 祖丽胡玛尔·塔依尔, 等. 市政污泥与石下江褐煤混合燃烧动力学及协同特性研究[J]. 煤炭转化, 2021, 44(1): 43-50.

[18] 姜峰,尚芳兰,李珍宝,等.热重-FTIR 法分析不粘煤氧化特性参数[J].燃烧科学与技术,2021,27(1):35-42.

[19] ZHOU Z F,WANG R H,YI Q J,et al. Combustion enhancement of pulverized coal with targeted oxygen-enrichment in an iron making blast furnace[J]. Processes,2021,9(3):440.

[20] CHANG J,WANG X,ZHOU Z,et al. CFD modeling of hydrodynamics, combustion and $NO_x$ emission in a tangentially fired pulverized-coal boiler at low load operating conditions[J]. Advanced powder technology,2021, 32(2):290-303.

[21] SHAMOONI A,DEBIAGI P,WANG B S,et al. Carrier-phase DNS of detailed $NO_x$ formation in early-stage pulverized coal combustion with fuel-bound nitrogen[J]. Fuel,2021,291:119998.

[22] MELLER D,LIPKOWICZ T,RIETH M,et al. Numerical analysis of a turbulent pulverized coal flame using a flamelet/progress variable approach and modeling experimental artifacts[J]. Energy and fuels,2021,35 (9):7133-7143.

[23] YUAN Y,LI S Q,YAO Q. Dynamic behavior of sodium release from pulverized coal combustion by phase-selective laser-induced breakdown spectroscopy[J]. Proceedings of the combustion institute,2015,35(2): 2339-2346.

[24] LIU J H,HE Z J,ZHANG J H. The dynamic model of pulverized coal and waste plastic bonded together in flight combustion process[J]. Cluster computing,2019,22(1):749-757.

[25] KUROSE R,WATANABE H,MAKINO H. Numerical simulations of pulverized coal combustion[J]. Kona powder and particle journal,2010, 27:144-156.

[26] 李清海.层燃-流化复合垃圾焚烧炉燃烧与排放研究[D].北京:清华大学,2007.

[27] KISSINGER H E. Variation of peak temperature with heating rate in differential thermal analysis[J]. Journal of research of the national bureau of standards,1956,57(4):217-221.

[28] KISSINGER H E. Reaction kinetics in differential thermal analysis[J]. Analytical chemistry,1957,29(11):1702-1706.

[29] FREEMAN E S,CARROLL B. The application of thermoanalytical tech-

niques to reaction kinetics: the thermogravimetric evaluation of the kinetics of the decomposition of calcium oxalate monohydrate[J]. The journal of physical chemistry,1958,62(4):394-397.

[30] OZAWA T. A new method of analyzing thermogravimetric data[J]. Bulletin of the chemical society of Japan,1965,38(11):1881-1886.

[31] OZAWA T. Kinetic analysis by repeated temperature scanning. part 1. theory and methods[J]. Thermochimica acta,2000,356(1-2):173-180.

[32] FLYNN J H. Early papers by Takeo Ozawa and their continuing relevance [J]. Thermochimica acta,1996,283(95):35-42.

[33] ARENILLAS A, RUBIERA F. Simultaneous thermogravimetric-mass spectrometric study on the pyrolysis behaviour of different rank coals[J]. Journal of analytical and applied pyrolysis,1999,50(1):31-46.

[34] 李超,王晓红,王晓辉,等. 应用示差扫描量热/热重-傅里叶变换红外光谱-质谱法研究新疆煤的热分解过程[J].理化检验(化学分册),2013,49(11):1284-1290.

[35] 孙庆雷,李文,陈皓侃,等. 神木煤显微组分热解的 TG-MS 研究[J].中国矿业大学学报,2003,32(6):664-669.

[36] 闫金定,崔洪,杨建丽,等. 热重质谱联用研究兖州煤的热解行为[J].中国矿业大学学报,2003,32(3):311-315.

# 3 煤粉爆炸敏感性研究

## 3.1 引　　言

要确定煤粉爆炸的危险程度,就要进行煤粉爆炸防护,获得煤粉爆炸的敏感性参数,并以此为依据,采取相应的防护措施。由于煤粉爆炸是一个极其复杂的物理过程和化学过程,因此它的机理尚未被人们完全了解。目前,煤粉爆炸的敏感性主要还是通过煤粉爆炸敏感性参数来确定。其中,外界能量激发以及煤粉自身所处空间条件的变化对煤粉爆炸敏感性存在很大的影响,因此外界热量和点火能量等能量激发引起的煤粉爆炸敏感性参数以及爆炸下限浓度和氧气下限含量等煤粉自身所处空间极限条件引起的煤粉爆炸敏感性参数的确定,是科学地反映煤粉云爆炸敏感性必不可少的步骤,它可以判断煤粉加工场所的危险情况,在一定条件下还可以确定防护措施的规模和费用,直接关系到人们的生命财产安全。

研究人员从外界能量[1-11]、煤粉粒径[12-19]、煤粉浓度[20-27]、煤粉种类[28-30]等方面对煤粉爆炸敏感性进行了相关研究,测试在不同试验条件下煤粉的最小点火能量、爆炸压力、压力上升速率等爆炸特性参数,获取了相关研究结果。随着煤粉浓度的增加,爆炸压力、压力上升速率等爆炸参数先增大后减小。煤粉粒径对其爆炸特性影响很大,煤粉粒径越小,爆炸越强烈。随着点火能量的增大,爆炸压力、爆炸压力上升速率等爆炸参数逐渐增大,当点火能量增大到一定值时,这些参数又趋于稳定。

首先,本章研究了堆积状态下外界热量对煤粉点燃的激发作用,并对煤粉升温阶段官能团的变化规律进行分析,进一步研究煤粉的点燃机理;其次,在研究堆积状态下煤粉爆炸敏感性参数影响的基础上,进一步研究了煤粉云爆炸敏感性参数。本章试验研究中所使用的测试装置主要包括粉尘层着火温度装置、粉尘云着火温度装置、哈特曼管装置以及 20 L 球形爆炸装置等。

# 3.2 堆积状态下煤粉爆炸敏感性及升温阶段微观参数表征

## 3.2.1 堆积状态下煤粉爆炸敏感性参数

### 3.2.1.1 试验条件

堆积状态下外界热量对煤粉点燃的激发试验是在粉尘层着火温度装置中进行，如图 3-1 所示。粉尘层着火温度装置主要由热板炉和两个热电偶组成，两个热电偶分别用来记录热板温度和粉尘温度。

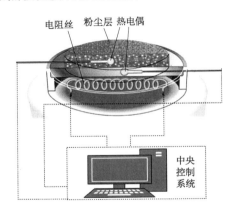

图 3-1　粉尘层着火温度装置原理图

试验前，首先将热板炉加热到恒定的温度，然后将试验样品置于热板上，并形成指定厚度的堆积粉尘。迅速加热使热板温度恒定到放置样品前的温度，观察堆积粉尘是否着火。

粉尘层最低着火温度是指在堆积粉尘受到外界热源激发的条件下，使堆积粉尘的温度发生突变（着火）时的最低激发温度。粉尘层着火温度反映了粉尘在堆积状态时对外界热源的敏感程度。粉尘层和粉尘云最低着火温度有各自确定的意义，它们不能互相取代，但二者均能反映粉尘在热环境下的着火特性，它们都是粉尘爆炸中非常重要的特性参数，也是对粉尘爆炸敏感度进行相对评价的重要指标。在粉尘爆炸危险性评估时，最低着火温度通常取二者当中较低的一个数值。

图 3-2 为粉尘层着火温度装置实物图。试验时，将内径为 100 mm 的金属

环放置在热板正中间,设定热板温度,开始加热。当热板温度达到设定值并稳定在一定范围内,并迅速将煤粉放入金属环内。制作粉尘层时,不能用力压粉尘。粉尘自然充满金属环后,用平直的刮板沿着金属环的上沿刮平并清除多余粉尘,观察粉尘温度变化以及有无着火迹象。以 10 ℃为步长,改变加热炉温度,粉尘云最低着火温度 $t_{min}$ 介于试验未出现着火的最高温度值 $t_1$ 和试验出现着火的最低温度值 $t_2$ 之间。出现着火的标准[31]如下:

(1) 观察到粉尘有焰燃烧或无焰燃烧;

(2) 高出热表面温度 50 ℃。

本书取 $t_2$ 作为粉尘层最低着火温度。

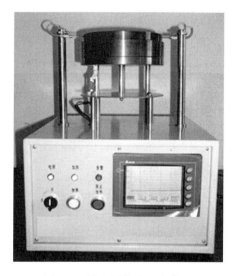

图 3-2　粉尘层着火温度装置

### 3.2.1.2　堆积煤粉中热量的积聚

选取中位径为 34 $\mu m$ 的煤粉作为研究对象。在试验过程中,堆积煤粉的厚度为 12.5 mm,如图 3-3 所示。

图 3-3 为堆积煤粉厚度为 12.5 mm、不同外界热源温度下堆积煤粉中热量的积聚随时间的变化情况。当外界热板温度为 270 ℃时,加入煤粉 20 min 后,煤粉温度达到最高值 239 ℃,之后煤粉温度开始逐渐下降,煤粉层温度低于铁板温度,煤粉未着火;当热板温度为 280 ℃时,煤粉温度在 58 min 后升到最高值282 ℃,略高于热板的温度,之后煤粉温度开始下降,煤粉仍未发生着火现象,说明此时热板温度仍不足以提供足够的热积累能量;当热板温度为 290 ℃时,煤粉

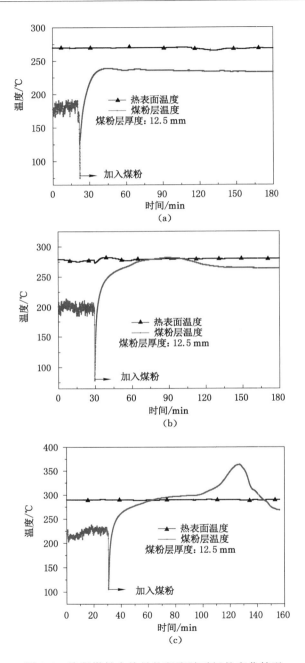

图 3-3　堆积煤粉中热量的积聚随时间的变化情况

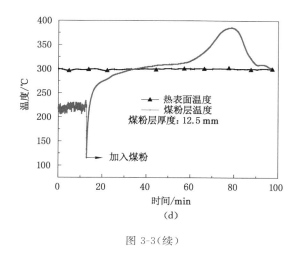

图 3-3(续)

温度持续上升,直到 95 min 后升到最高值 363 ℃(比热板温度高 73 ℃),说明此时热板温度可以提供足够的热积累能量。随着热板温度进一步提高至 300 ℃,热板提供的能量进一步增加,使得煤粉在 66 min 后达到最高温度 386 ℃,相对于 290 ℃时达到最高温度的时间变短,且煤粉上升到更高的温度。因此,当堆积煤粉厚度为 12.5 mm 时,煤粉层的最低着火温度为 290 ℃。

### 3.2.1.3　煤粉堆积厚度对煤粉着火温度的影响

表 3-1 和图 3-4 分别为不同堆积厚度的煤粉着火温度试验结果。可以看出,当煤粉厚度为 5 mm 时,煤粉层的最低着火温度为 380 ℃;当煤粉厚度增加到 15 mm 时,煤粉层的最低着火温度降低至 270 ℃,继续增加煤粉厚度,煤粉层最低着火温度不再降低。

**表 3-1　不同堆积厚度的煤粉着火温度试验结果**

| 煤粉层厚度 /mm | 热表面温度 /℃ | 煤粉最高温度 $T_{max}$/℃ | 超过热板温度 $\Delta T$/℃ | 到达最高温度的时间 /min | 试验结果 |
|---|---|---|---|---|---|
| | 390 | 455 | 65 | 72 | Y |
| | 380 | 441 | 61 | 106 | Y |
| 5 | 370 | 382 | 12 | 56 | N |
| | 360 | 331 | −29 | 42 | N |

表 3-1(续)

| 煤粉层厚度 /mm | 热表面温度 /℃ | 煤粉最高温度 $T_{max}$/℃ | 超过热板温度 $\Delta T$/℃ | 到达最高温度的时间 /min | 试验结果 |
|---|---|---|---|---|---|
| 12.5 | 300 | 386 | 86 | 66 | Y |
| | 290 | 363 | 73 | 95 | Y |
| | 280 | 282 | 2 | 58 | N |
| | 270 | 239 | −31 | 20 | N |
| 15 | 280 | 371 | 91 | 57 | Y |
| | 270 | 344 | 74 | 87 | Y |
| | 260 | 259 | −1 | 62 | N |
| | 250 | 235 | −15 | 31 | N |
| 17.5 | 280 | 385 | 105 | 45 | Y |
| | 270 | 353 | 83 | 63 | Y |
| | 260 | 260 | 0 | 55 | N |
| | 250 | 246 | −4 | 33 | N |
| 20 | 280 | 396 | 116 | 39 | Y |
| | 270 | 362 | 92 | 52 | Y |
| | 260 | 260 | 0 | 37 | N |
| | 250 | 249 | −1 | 28 | N |

注："Y"代表着火;"N"代表未着火。

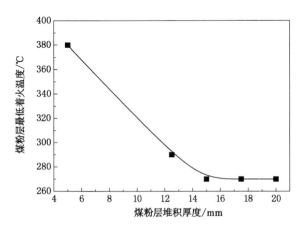

图 3-4　不同堆积厚度的煤粉最低着火温度

堆积煤粉的最低着火温度可由弗朗克-卡米涅茨基(Frank-Kamenetskii)参数 $\delta$ 说明[32]:

$$\delta = \frac{Ea^2 Q\rho A \cdot \exp(-E/RT_a)}{RT_a^2 \psi} \tag{3-1}$$

式中,$a$ 为粉尘试样的特征线性尺寸;$T_a$ 为环境温度(在恒温箱中粉尘周围空气的温度);$Q$ 为单位质量粉尘的反应热;$\rho$ 为粉尘试样的堆积密度;$\psi$ 为粉尘试样的导热系数。

式(3-1)中,特征线性尺寸 $a$ 是指粉尘试样中心到热表面的最短距离,此距离越大,堆积粉尘自着火的温度越低,越容易着火。当堆积煤粉的厚度小于 15 mm 时,增加煤粉层厚度,煤粉层最低着火温度会下降。在该温度下,煤粉层达到最高温度的时间会相应变短,是因为煤粉层厚度较小时,煤粉自身燃烧产生的热量积累较少,而对外界环境散失的热量较多,不足以维持煤粉层温度快速升高。因此,需要更高的热板温度提供热量促使煤粉层温度升高,使煤粉层着火,而增加煤粉层厚度,煤粉自身燃烧产生的热量积累增大,所需热板提供的热量减小,使得最低着火温度下降。

然而,当煤粉层厚度大于 15 mm 时,煤粉自身厚度带来的热积累效应足够维持煤粉对外散失的热量。因此,继续增加煤粉层厚度,最低着火温度不再发生变化,这也说明了依靠 Frank-Kamenetskii 参数 $\delta$ 中的特征线性尺寸 $a$ 判定堆积煤粉的最低着火温度具有一定的局限性。通过以上分析可知,当堆积煤粉厚度低于 15 mm 时,煤粉层的最低着火温度随着煤粉厚度的增加而降低;当堆积煤粉厚度高于 15 mm 时,煤粉层的最低着火温度保持不变,煤粉层的最低着火温度为 270 ℃。

## 3.2.2 堆积状态下煤粉升温阶段的微观参数表征

煤粉的化学结构是研究煤粉燃烧过程的重要基础。长期以来,为了阐明煤粉的化学结构,国内外研究人员在该方面开展了大量的研究,提出了各式各样的煤分子结构模型[33-35],如福克斯(Fuchs)模型、吉文(Given)模型、维泽(Wiser)模型、沃尔夫拉姆(Wolfrum)模型、本田(Honda)模型、希恩(Shinn)模型、所罗门(Solomon)模型等。图 3-5 至图 3-7 分别为三种典型的煤粉的结构模型图。

由于煤粉是一种组成结构极其复杂且极不均一的、包括多种有机和无机化合物的非晶态混合物,人们至今尚无法准确并定量地对煤粉化学结构进行统一阐述。但仍有一些观点在大多数结构模型中得到了共识[36-38]:

① 煤粉的化学结构主要是芳香结构的聚合体。

② 不同的芳香基团之间通过桥键进行连接。

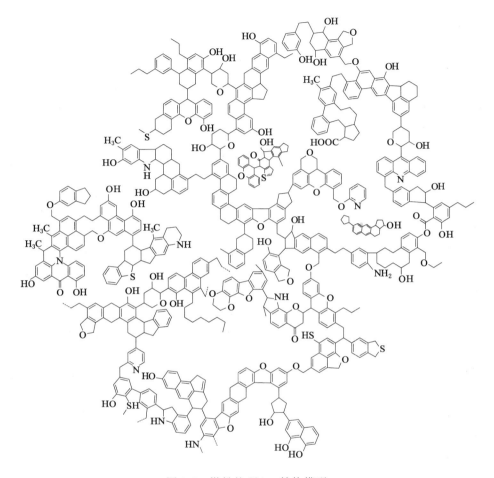

图 3-5    煤粉的 Shinn 结构模型

③ 桥键由多种不同的化学结构连接，其中大部分为脂肪性结构。

④ 煤粉结构中主要由 C、H、O、N 等元素组成，部分煤粉结构中含有 S 元素。

⑤ 煤粉结构中含有游离相的结构，它们被认为是与煤粉主体化学结构之间存在非紧密关系的小分子结构，被镶嵌在煤粉主体化学结构中，或者通过氢键或范德华力与煤粉主体化学结构之间保持不同程度的弱联系。

⑥ 煤粉化学结构中含有一定种类和数量的自由基，其反应活性存在差别。

实际上，鉴于煤粉发生燃烧或爆炸的过程就是煤粉中的各种官能团发生的一系列的氧化还原反应并放出热量的过程，煤粉在升温阶段热量不断积累并使煤粉整体温度上升，导致煤粉中的官能团发生化学反应，并继续释放出热量使煤

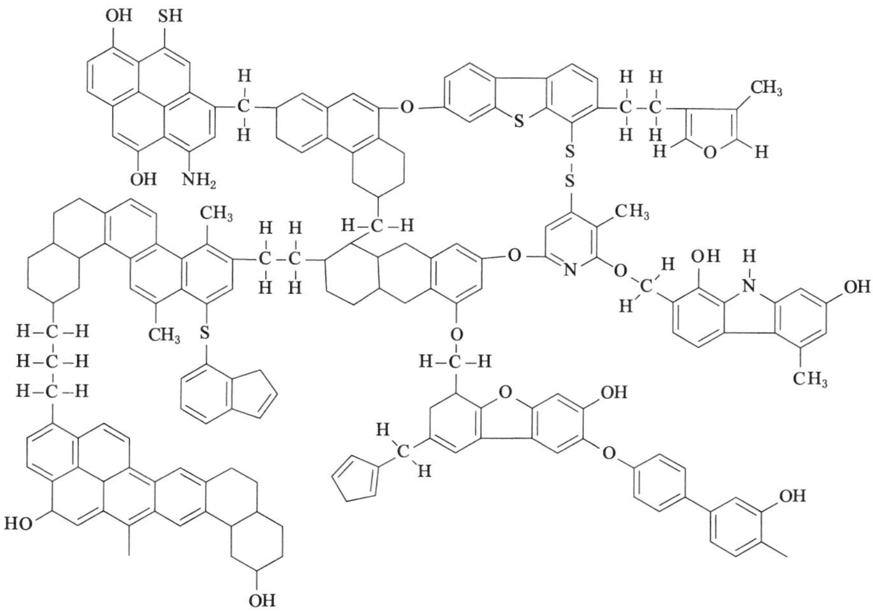

图 3-6　煤粉的 Wieser 结构模型

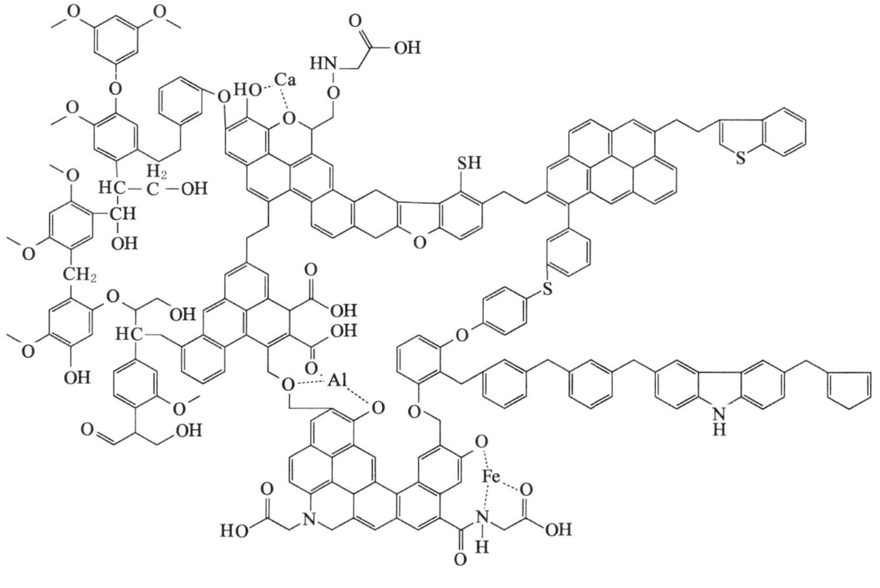

图 3-7　煤粉的 Wolfrum 结构模型

粉温度不断升高直至着火。因此,要揭示煤粉燃烧发生的深层次原因,就要从煤粉的结构出发,从官能团变化的角度来分析其原因。近年来,很多学者对不同种类煤粉中官能团分布特点进行了研究[39-45],但前期研究由于试验条件的限制,大多采用红外光谱透射分析技术对煤粉官能团进行测试,不能实现煤粉中官能团在反应过程中的实时监测,因此不能直接获得煤粉中官能团动态反应过程的变化情况,测试结果存在较大的误差。为了克服这种技术的不足,近年来发展出一种原位漫反射傅里叶变换红外光谱技术[46-47],该技术适用于固体粉末样品的直接测定。实现了煤粉在反应过程中官能团的原位采集,从煤粉升温过程中官能团的变化角度来解释煤粉燃烧机理。

### 3.2.2.1 试验条件

本章采用的是 NCOLET 6700 型原位漫反射傅里叶变换红外光谱测试系统,如图 3-8 所示。该系统由傅里叶变换红外光谱仪、样品反应池、温度控制装置、供气装置和冷却水装置组成。

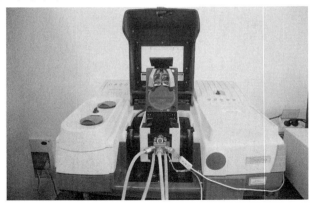

图 3-8 NCOLET 6700 型原位漫反射傅里叶变换红外光谱测试系统

透射式红外光谱在测试煤粉中官能团的特征时,需要对煤粉与 KBr 粉末混合进行压片处理,破坏了煤的微观结构,同时 KBr 吸收水分而影响测量结果,原位漫反射傅里叶变换红外光谱解决了此缺陷;而官能团的实时、在线测试系统解决了普通透射红外光谱仪在非原位连续测试时由于仪器每次采集时的自校准所带来的误差[48]。因此,该原位漫反射傅里叶变换红外光谱测试系统能够实现对煤粉升温反应过程中的官能团变化的连续采集。

本试验的测试过程如下:

(1)将原位反应池放入红外光谱的漫反射附件中,连接好原位反应池的进气和出气管路、进水和出水管路以及控温接口。

（2）启动原位漫反射傅立叶变换红外光谱仪，设定仪器的扫描次数为 64 次，波谱扫描范围为 $650 \sim 4\,000$ cm$^{-1}$，采集最终格式设为库贝尔卡-蒙克（Kubelka-Munk），将序列（series）采集的时间间隔设置为 30 s。

（3）首先将 KBr 填满原位反应池，并且用刮板将 KBr 粉末表面刮平，采集 KBr 背景；然后将 KBr 粉末倒出并清理干净；最后将煤粉平整地放入原位反应池，盖上窗片。

（4）打开空气瓶，调节流量计，以 10 mL/min 的流量向原位反应池中通入空气，并打开控温装置，设定原位反应池内的温度以 1 ℃/min 的速率上升，同时打开冷却水系统以保护原位反应池。

（5）待煤粉温度达到 30 ℃时，启动原位漫反射傅里叶变换红外光谱仪的数据采集系统，以 30 s 为时间间隔，连续采集煤粉在氧化过程中的红外光谱数据。

#### 3.2.2.2　堆积状态下煤粉升温阶段的官能团变化

在对煤粉官能团进行分析时，首先通过分析各煤粉的红外光谱图中含有的官能团特征峰的峰位置（波数大小），然后根据煤粉红外光谱谱峰特征归属[49]来判断煤中含有哪些主要的官能团，见表 3-2。

表 3-2　煤粉中特征峰归属

| 谱峰位置/cm$^{-1}$ | 官能团 | 官能团归属 |
|---|---|---|
| $3\,697 \sim 3\,685$ | —OH | 游离 OH 键，判断醇、酚和有机酸类 |
| $3\,684 \sim 3\,625$ | | |
| $3\,624 \sim 3\,610$ | —OH | OH 自缔合氢键，醚 O 与 OH 形成的氢键 |
| $3\,550 \sim 3\,200$ | —OH | 酚、醇、羧酸、过氧化物、水的 OH 伸缩振动 |
| $3\,400$ | —OH | $\nu$ 氢键缔合 |
| $3\,056 \sim 3\,032$ | —CH | $\nu$ 芳香烃—CH 基 |
| $2\,975 \sim 2\,950$ | —CH$_3$ | $\nu_{as}$ 环烷或脂肪族中 CH$_3$ 反对称伸缩振动 |
| $2\,935 \sim 2\,918$ | —CH$_3$，—CH$_2$ | $\nu_{as}$ 环烷或脂肪族中甲基、亚甲基反对称伸缩振动，芳香烃甲基 |
| $2\,900$ | —CH | $\nu$ 环烷或脂肪族 CH |
| $2\,875 \sim 2\,860$ | —CH$_3$ | $\nu_s$ 环烷或脂肪族中 CH$_3$ 对称伸缩振动 |
| $2\,858 \sim 2\,847$ | —CH$_2$ | $\nu_s$ 亚甲基对称伸缩振动 |
| $2\,780 \sim 2\,350$ | —COOH | $\nu$-COOH 羧酸 |
| $1\,910 \sim 1\,900$ | — | 苯的 C—C、C—H 振动的倍频和合频峰 |
| $1\,780 \sim 1\,765$ | C=O | $\nu$ 芳香烃酯、酐、过氧化物的 C=O 键、R—CO—O—Ar 中的 C=O |
| $1\,736 \sim 1\,722$ | C=O、—CO—O— | 醛、酮、酯类羰基 |

表 3-2(续)

| 谱峰位置/cm⁻¹ | 官能团 | 官能团归属 |
|---|---|---|
| 1 706～1 705 | C＝O,—CHO | 芳香酮、醛类羰基 |
| 1 715～1 690 | COOH | 羧基 COOH 伸缩振动,判断羧基的特征频率 |
| 1 690～1 650 | C＝O | 醌基中 C＝O 伸缩振动 |
| 1 650～1 640 | —CO—N— | 脂肪族酰胺 |
| 1 635～1 595 | C＝C | 芳香环或稠环中 C＝C 伸缩振动 |
| 1 590～1 560 | —COO | 反对称伸缩振动 |
| 1 490 | C＝C | 芳香环 |
| 1 460～1 435 | —CH₃ | CH₃ 反对称变形振动,是 CH₃ 特征吸收 |
| 1 449～1 439 | —CH₂ | 亚甲基剪切振动 |
| 1 410 | —COO— | 对称伸缩振动 |
| 1 379～1 373 | —CH₃ | 甲基对称变形振动 |
| 1 330～1 060 | Ar—C—O— | 酚、醇、醚、酯氧键 |
| 979～921 | OH | 羧酸中 OH 弯曲变形 |
| 900～940 | | OH 面外振动 |
| 1410 | —COO— | 对称伸缩振动 |
| 870 | | 碳酸盐矿物 |
| 900～675 | —CH₂ | 取代苯类 C—H 面外弯曲 |
| 747～743 | | 亚甲基平面振动 |
| 711～694 | —CH₂ | 苯环褶皱振动 |

图 3-9 和图 3-10 分别为煤粉在 30 ℃时表面官能团红外光谱图和煤粉在升温过程中表面官能团变化的三维连续红外光谱图。

由图 3-4 可知,堆积状态下煤粉的最低着火温度为 270 ℃。因此,煤粉官能团分布测试的最高温度设置为 290 ℃,略高于堆积状态下煤粉的最低着火温度。根据煤粉官能团的红外测试结果,对煤粉官能团分布进行定量分析。在定量分析的过程中,应将漫反射率转化为 K-M 函数 $f(R)$。如式(3-2)所列,K-M 函数能够消除与波长有关的镜面反射效应[50]。

$$f(R) = \frac{(1-R)^2}{2R} = \frac{2.303\varepsilon c}{s} = \frac{K}{s} \tag{3-2}$$

式中,$R$ 为漫反射率;$\varepsilon$ 为摩尔吸光度;$c$ 为样品的浓度;$K$ 为样品的吸光度系数;$s$ 为散射系数。

经过转化后 K-M 函数符合朗伯-比尔(Lambert-Beer)定律,即:

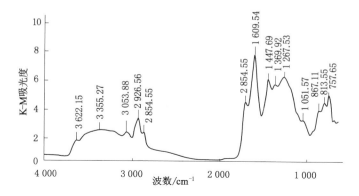

图 3-9　煤粉在 30 ℃时表面官能团红外光谱图

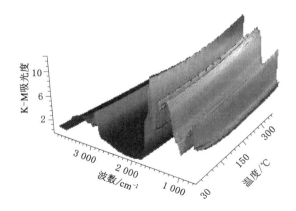

图 3-10　升温过程中煤粉表面官能团原位三维红外光谱图

$$A = \lg \frac{1}{T} = Kbc \tag{3-3}$$

式中，$A$ 为样品的吸光度；$b$ 为样品的厚度。

　　基于 Lambert-Beer 定律的红外光谱定量分析方法主要分两种：一种是以峰高来进行定量分析；另一种是以峰面积来进行定量分析。由于红外吸收光谱的峰面积值受样品和仪器的因素影响较小，因此在本章的定量分析中，采用峰面积的方法来定量分析煤中各个官能团的含量。

　　在煤粉红外光谱图中，一个峰大多由多个峰组合而成。因此，为了将这些组合的光谱分开，以二阶导数光谱和傅里叶退卷积光谱为引导，对红外光谱图进行处理。根据一些学者的研究[51-53]经验，本书对煤粉各种官能团特征吸收峰进行了峰面积曲线分峰处理,得到煤粉官能团拟合分峰结果,如图 3-11 所示。

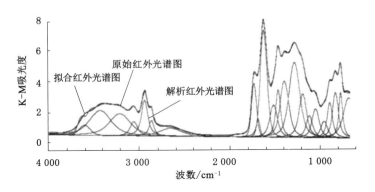

图 3-11　煤粉官能团分峰处理

由曲线拟合结果可以得到煤中主要官能团为芳香烃类、脂肪烃类以及各种含氧官能团等(表 3-3),这也是煤的主要官能团构成[43]。根据曲线拟合处理的各个官能团峰面积值,进而得到不同官能团随温度变化的规律。图 3-12 为煤粉在 30 ℃时官能团分布情况。

表 3-3　煤粉中官能团峰位归属

| 官能团 | 脂肪烃 | 芳香烃 | 含氧官能团 | | | |
|---|---|---|---|---|---|---|
| | —CH₃/—CH₂ | Ar | —OH | —C=O | —COOH | —C—O |
| 峰位/cm⁻¹ | 1 379.2 | 1 500.9 | 940.4 | 1 672.9 | 1 717.1 | 1 103.1 |
| | 1 449.6 | 1 540.1 | 912.4 | | 2 643.7 | 1 177.5 |
| | 2 856.0 | 1 608.5 | 1 270.4 | | | 1 269.1 |
| | 2 931.4 | | 1 324.5 | | | |
| | | | 3 205.5 | | | |
| | | | 3 423.6 | | | |
| | | | 3 597.6 | | | |
| | | | 3 614.9 | | | |
| | | | 3 651.9 | | | |

由图 3-12 可知,在 30 ℃时,煤粉中芳香烃官能团含量最多,占所有官能

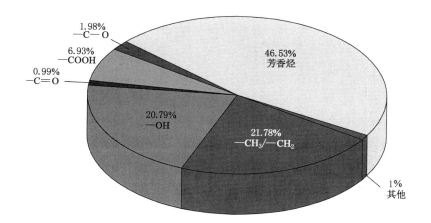

图 3-12 煤粉中各官能团含量的比例

团含量的 46.54％；其次是—CH₃／—CH₂ 和—OH，含量分别在 20％ 以上；—COOH 的含量较少，占官能团总含量的 7％ 左右；其余几种官能团含量最低，在煤粉中官能团含量均低于 2％。因此，煤粉中的主体官能团分别为芳香烃、—CH₃／—CH₂ 和—OH。

煤粉中各官能团的组成及含量决定了煤粉的燃烧敏感性，因此，掌握煤粉的官能团分布特点对于进一步研究煤的燃烧特性具有十分重要的意义。通过对煤粉升温过程(从 30 ℃ 升温到 290 ℃)中含量变化较大的活性官能团的红外光谱图进行定量分析，得出煤粉氧化过程中这几种官能团含量的变化规律，如图 3-13 至图 3-18 所示。

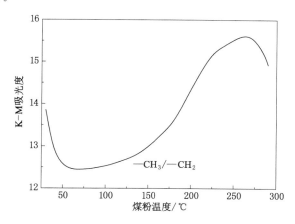

图 3-13 —CH₃／—CH₂ 在煤粉升温过程中的变化规律

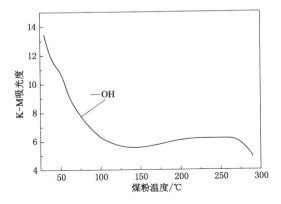

图 3-14　—OH 在煤粉升温过程中的变化规律

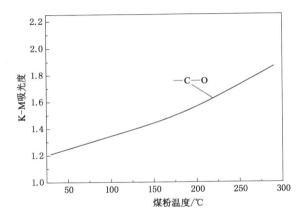

图 3-15　—C—O 在煤粉升温过程中的变化规律

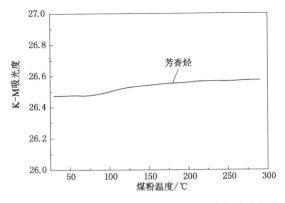

图 3-16　芳香烃官能团在煤粉升温过程中的变化规律

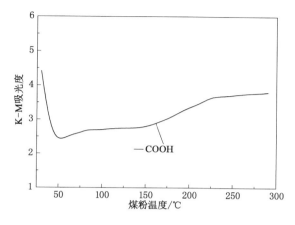

图 3-17  —COOH 在煤粉升温过程中的变化规律

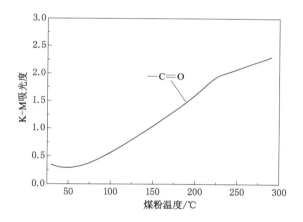

图 3-18  —C═O 在煤粉升温过程中的变化规律

脂肪烃链在煤中主要以—CH₃/—CH₂ 的形式存在,属于比较活泼的官能团。从图 3-13 可以看出,—CH₃/—CH₂ 红外光谱强度值分阶段呈现出不同的变化趋势。煤粉在 30～60 ℃ 初始升温阶段,—CH₃/—CH₂ 的含量逐渐降低;在 60～265 ℃,—CH₃/—CH₂ 的含量又逐渐增加。这是因为此类煤粉中的脂肪烃链长较长,活性较高[54],在煤粉初始升温阶段就直接参与化学反应,造成—CH₃/—CH₂ 含量降低;但是随着温度的升高,煤粉氧化还原过程中产生的大量碳氢自由基相互碰撞会产生更多的—CH₃/—CH₂[49],当这两种官能团生成的速率大于其消耗的速率时,其含量又会呈现出增加的趋势。当煤粉温度在265～290 ℃时,煤粉中

—CH$_3$/—CH$_2$ 含量再次下降,此阶段煤粉放出大量的热,使得煤粉热积累达到堆积煤粉最低着火温度的极限值,导致煤粉层着火,此温度阶段和堆积煤粉的着火温度(图 3-4)一致,说明—CH$_3$/—CH$_2$ 在 265~290 ℃阶段的减少对煤粉的点燃起着非常重要的作用。

煤粉中羟基—OH 的红外光谱强度值整体上呈现出逐渐减小的趋势。从图 3-14 可以看出,—OH 含量在 30~140 ℃的温度范围内逐渐减少,说明在煤粉升温过程中—OH 是非常活跃的基团,从一开始便参与反应;当煤粉温度在 140~267 ℃时,脂肪烃氧化生成—OH 的速率与—OH 消耗的速率基本一致,—OH 的含量基本保持不变;当煤粉温度在 267~290 ℃时,煤粉中—OH 的含量再次下降,此温度阶段和—CH$_3$/—CH$_2$ 含量第二次下降的温度阶段一致,说明—OH 在 267~290 ℃阶段内的减少对煤粉的点燃也起着重要的作用。

甲氧基—C—O 主要是醇中和酯中的—O—CH$_3$,同时还有脂肪族中的—CH$_3$ 在升温过程中断裂后与氧所形成的—C—O。通过图 3-12 可知,甲氧基—C—O 在煤粉中官能团含量份额约为 2%,不是煤粉中的主要官能团;同时,由图 3-15 可以看出,在煤粉从 30 ℃升温至 290 ℃的过程中,煤粉中甲氧基—C—O 的含量是不断增加的。这是由于—C—O 键相对稳定,在煤粉燃烧前的升温阶段,外界提供的能量不足以使甲氧基—C—O 进一步氧化,因而在此过程中—C—O 含量不断增加,对煤粉的点燃过程起到的作用有限。

由图 3-12 可知,煤粉中芳香烃官能团含量最多,约占所有官能团含量的 47%,是煤粉中的主体官能团。由图 3-16 可以看出,煤粉中的芳香烃红外光谱吸收峰强度在煤粉从 30 ℃升温至 290 ℃的过程中基本不变,说明煤粉中芳香烃在煤粉燃烧之前的升温过程中是不发生反应的。芳香烃在煤粉的结构中相对来说比较稳定,根据很多学者所建立起来的煤化学结构模型[46,55-57]可知,煤结构的核心就是芳香烃,基本的结构单元为芳香环,还有少量的脂肪环和杂环,这些芳香环与脂肪烃或者含氧官能团等通过化学键联结起来[48,58],形成了煤粉超大的结构式。由于芳香环受到外部的脂肪烃或含氧官能团的保护,因此芳香烃本身是很稳定的[43,59-60],当温度不高时,氧化反应触及不到结构单元的核心芳香烃。综上所述,在研究煤粉燃烧之前的升温阶段,可以不考虑芳香烃的氧化反应。

羧基—COOH 在原始煤粉中的含量约为 7%(图 3-12)。—COOH 参与煤粉升温过程中的氧化还原反应,是氧化过程中的过渡基团,这是因为羰基—C=O和—OH 的进一步氧化会产生—COOH,而—COOH 分解会产生气体产物而释放出去。由图 3-17 可以看出,在煤氧化反应的初始阶段,—COOH 的含量逐渐减少,随后其含量又呈增加的趋势。—COOH 含量具有这种变化规律是由原始煤粉中—COOH 分解释放出 $CO_2$ 的速率以及—OH、—C＝O 氧化而生成—COOH 的速率所决定的。

羰基—C＝O 在原始煤粉中的含量较低,在原始煤粉中的含量约为 1%(图 3-12)。—C＝O 主要来源于煤粉中的酮 R—CO—R 和醛 RCOH。与—COOH 一样,—C＝O 是煤粉氧化过程中的中间过渡基团[61-63]。从图 3-18 可以看出,在煤粉升温的初始阶段,—C＝O 的含量稍微降低;当温度超过 50 ℃时,—C＝O 的含量在升温过程中总体呈现出逐渐增加的趋势。这是因为煤粉在升温的初始阶段,—C＝O 的生成速率要低于煤粉中其他官能团反应所消耗的—C＝O 的速率,所以在氧化的初期会有减少的现象;但是,随后由于脂肪烃氧化形成了大量的—OH,而—OH 又进一步被氧化,部分生成了—C＝O,使得—C＝O 的产生速率大于其发生反应而消耗的速率,从而又呈现出不断增加的趋势。

综上所述,煤粉中的官能团主要可以分为三类:脂肪烃、含氧官能团和芳香烃。通过以上官能团在煤粉升温阶段的变化规律可以看出,煤粉中的官能团含量变化最大的是—$CH_3$/—$CH_2$ 和—OH,其余官能团在煤粉升温的阶段含量变化相对较小。在堆积状煤粉最低着火温度的范围内,—$CH_3$/—$CH_2$ 和—OH 含量均出现了大量的减少,说明了—$CH_3$/—$CH_2$ 和—OH 参与了煤粉的点燃过程,是煤粉的主体活性官能团,对煤粉的点燃过程起着重要的作用。

# 3.3 外界能量激发对煤粉云爆炸敏感性的影响研究

## 3.3.1 外界热量对煤粉云爆炸敏感性的影响

### 3.3.1.1 试验条件

外界热量对煤粉云爆炸敏感性的测试主要是在粉尘云着火温度装置中进行,该装置主要由戈伯特-格林沃尔德(Godbert-Greenwald)炉(以下简称 G-G 炉)和控制系统组成。G-G 炉下端为敞口的石英炉管,其中炉管壁绕有电阻丝,G-G 炉内热电偶与温度控制仪相连,主要用来控制试验温度,如图 3-19 所示。在试验过程中,压缩空气将储粉室的粉尘分散,然后送入石英炉管,形成均匀的粉尘云,通过炉子下方可以观察 G-G 炉内是否着火。粉尘云在加热炉中着火时,加热炉内壁最低温度称为粉尘云最低着火温度,反映了粉尘在悬浮状态时对温度的敏感程度。

本试验主要利用粉尘云着火温度装置研究煤粉云着火温度随浓度和粒径的变化趋势。如图 3-20 所示,粉尘云着火温度装置的炉膛体积为 0.27 L。试验时,首先称取一定质量的煤粉,装入储粉罐内,调节加热炉温度,点燃煤粉时开始试验,开启电磁阀,将煤粉云喷入加热炉内,观察炉内是否着火。以 10 ℃ 为步长,降低加热炉温度,粉尘云最低着火温度 $t_{min}$ 介于连续 10 次试验均未出现着火的最高温度值 $t_1$ 和连续 10 次试验至少有 1 次出现着火的最低温度值 $t_2$ 之间[64],本书中取 $t_2$ 作为粉尘云最低着火温度。

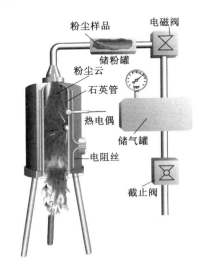

图 3-19　粉尘云着火温度装置示意图

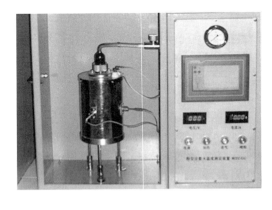

图 3-20　粉尘云着火温度装置实物图

### 3.3.1.2　浓度对外界热量激发条件下煤粉云爆炸敏感性的影响

选取中位径为 34 $\mu$m 的煤粉作为研究对象。在试验过程中,煤粉云的浓度分别为 125 g/m³、250 g/m³、500 g/m³、750 g/m³、1 000 g/m³、1 250 g/m³ 和 1 500 g/m³,结果见表 3-4 和图 3-21。

表 3-4　不同浓度条件下煤粉云的着火温度

| 浓度/(g·m⁻³) | 点火温度/℃ | 试验结果 | 点火概率/% |
|---|---|---|---|
| | 720 | 1 1 1 1 1 1 1 1 1 1 | 100 |
| 125 | 660 | 1 0 0 1 0 1 1 0 1 0 | 50 |
| | 650 | 0 0 1 0 1 0 0 0 1 0 | 30 |
| | 640 | 0 0 0 0 0 0 0 0 0 0 | 0 |

表 3-4(续)

| 浓度/(g·m⁻³) | 点火温度/℃ | 试验结果 | 点火概率/% |
|---|---|---|---|
| 250 | 680 | 1 1 1 1 1 1 1 1 1 1 | 100 |
| | 610 | 1 0 0 1 1 1 0 1 0 1 | 60 |
| | 600 | 0 0 1 0 1 0 0 1 0 0 | 30 |
| | 590 | 0 0 0 0 0 0 0 0 0 0 | 0 |
| 500 | 620 | 1 1 1 1 1 1 1 1 1 1 | 100 |
| | 570 | 1 0 0 1 0 1 0 1 0 1 | 50 |
| | 560 | 0 1 0 1 0 0 1 0 0 1 | 40 |
| | 550 | 0 0 0 0 0 0 0 0 0 0 | 0 |
| 750 | 570 | 1 1 1 1 1 1 1 1 1 1 | 100 |
| | 560 | 1 1 1 0 1 1 0 1 1 1 | 80 |
| | 550 | 0 0 0 0 1 1 1 1 1 0 | 50 |
| | 540 | 0 0 0 0 0 0 0 0 0 0 | 0 |
| 1 000 | 630 | 1 1 1 1 1 1 1 1 1 1 | 100 |
| | 580 | 0 0 1 0 1 0 1 0 0 1 | 40 |
| | 570 | 0 0 0 0 0 0 0 1 0 1 | 20 |
| | 560 | 0 0 0 0 0 0 0 0 0 0 | 0 |
| 1 250 | 670 | 1 1 1 1 1 1 1 1 1 1 | 100 |
| | 610 | 0 0 1 0 0 0 1 0 0 1 | 30 |
| | 600 | 0 0 0 1 0 0 1 0 1 0 | 30 |
| | 590 | 0 0 0 0 0 0 0 0 0 0 | 0 |
| 1 500 | 690 | 1 1 1 1 1 1 1 1 1 1 | 100 |
| | 640 | 0 0 0 0 1 0 1 0 0 1 | 30 |
| | 630 | 0 0 0 1 0 0 0 1 0 0 | 20 |
| | 620 | 0 0 0 0 0 0 0 0 0 0 | 0 |

注:"1"代表着火;"0"代表未着火。

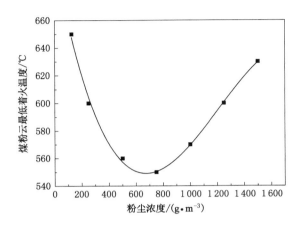

图 3-21　不同煤粉云浓度下的最低着火温度

由表 3-4 和图 3-21 可知,在煤粉中位径一定的条件下,煤粉云的最低着火温度与煤粉云浓度呈"U"形关系。当煤粉云浓度从 125 g/m³ 增加至 750 g/m³ 时,最低着火温度从 650 ℃ 降至 550 ℃;随后继续增加煤粉云浓度,最低着火温度呈现相反的变化趋势,当煤粉云浓度为 1 250 g/m³ 时,煤粉云最低着火温度增加至 630 ℃。因此,对于煤粉云最低着火温度,存在一个最佳浓度 750 g/m³,在此浓度条件下得出煤粉云最低着火温度为 550 ℃。

煤粉云的最低着火温度与浓度关系说明在煤粉云浓度较低时,煤粉颗粒自身燃烧产生的热量不足以维持火焰的传播,因此需要更高的温度来维持火焰燃烧;随着煤粉云浓度的提高,炉膛内单位体积的煤粉颗粒数增加,煤粉燃烧产生的热量也增多,需要外界提供的热量减少,最低着火温度下降。当煤粉云浓度达到临界值时,煤粉颗粒达到最佳的分散状态,最低着火温度降至最低,此浓度即为最佳浓度 750 g/m³。继续提高煤粉云浓度,反而导致煤粉颗粒的分散性下降,不能很好地形成煤粉云,使有效参与燃烧反应的煤粉颗粒减少,并且燃烧颗粒周围未参与燃烧反应的颗粒数量相对增加,吸收了部分反应热;同时,过多的煤粉颗粒对炉膛内空气流通起到一定的阻碍作用,使煤粉颗粒的燃烧反应速率降低,所需的外界热量增大,最低着火温度升高。

### 3.3.1.3　粒径对热量激发条件下煤粉云爆炸敏感性的影响

试验中,设定煤粉云浓度为 750 g/m³,对中位径分别为 34 $\mu$m、52 $\mu$m、75 $\mu$m 和 124 $\mu$m 煤粉试样进行煤粉云最低着火温度测试,结果见表 3-5 和图 3-22。

表 3-5　不同粒径条件下煤粉云的着火温度

| 中位径/$\mu m$ | 浓度/$(g \cdot m^{-3})$ | 点火温度/℃ | 试验结果 | 点火概率/% |
|---|---|---|---|---|
| 34 | 750 | 570 | 1 1 1 1 1 1 1 1 1 1 | 100 |
|  |  | 560 | 1 1 1 0 1 1 0 1 1 1 | 80 |
|  |  | 550 | 0 0 0 0 1 1 1 1 1 0 | 50 |
|  |  | 540 | 0 0 0 0 0 0 0 0 0 0 | 0 |
| 52 | 750 | 640 | 1 1 1 1 1 1 1 1 1 1 | 100 |
|  |  | 600 | 1 0 0 0 1 0 0 1 0 1 | 40 |
|  |  | 590 | 0 0 1 0 0 0 0 1 0 1 | 30 |
|  |  | 580 | 0 0 0 0 0 0 0 0 0 0 | 0 |
| 75 | 750 | 760 | 1 1 1 1 1 1 1 1 1 1 | 100 |
|  |  | 630 | 1 1 0 0 0 0 0 0 0 0 | 20 |
|  |  | 620 | 0 0 0 1 0 0 0 0 0 0 | 10 |
|  |  | 610 | 0 0 0 0 0 0 0 0 0 0 | 0 |
| 124 | 750 | 870 | 1 1 1 1 1 1 1 1 1 1 | 100 |
|  |  | 660 | 0 0 0 1 0 0 0 1 0 0 | 20 |
|  |  | 650 | 0 0 1 0 1 0 0 0 0 0 | 20 |
|  |  | 640 | 0 0 0 0 0 0 0 0 0 0 | 0 |

注:"1"代表着火;"0"代表未着火。

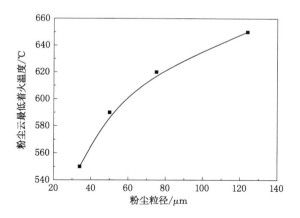

图 3-22　不同粒径下的煤粉云最低着火温度

由表 3-5 和图 3-22 可知,在相同的煤粉云浓度下,随着煤粉粒径的减小,着火温度随之降低。这主要是因为煤粉云的燃烧首先是从颗粒表面进行的,当颗粒粒径较大时,随着燃烧过程的快速进行,颗粒内部因缺氧而不能完全燃烧,从而减慢了燃烧热的释放和传递;当煤粉粒径减小时,煤粉颗粒数增多,其比表面积增大,在煤粉云浓度一定的情况下,与空气的接触面积就大,氧气向颗粒表面扩散的速率增加,颗粒因缺氧而不能完全燃烧的现象随之减弱[65],燃烧热的释放也加快,释放热量增多,故反应就更加剧烈,所需外界提供的热量相应减少,导致煤粉云最低着火温度的下降,煤粉的危险性提高。

煤粉颗粒受热后产生热分解或发生多相化学反应。煤粉颗粒在较低温度时就可以发生热分解,但发生多相反应需要的温度较高。当煤粉粒径较大时,煤粉比表面积较小,单位体积内颗粒热分解产生易燃物质的含量不足以引起煤粉云的燃烧,因此需要的着火温度较高;随着煤粉粒径的减小,煤粉的比表面积增大,单位体积内煤粉热分解产生的易燃气体的含量增加,煤粉云的着火温度随之降低。

从燃烧学的角度来讲,煤粉云点火过程中煤粉颗粒和氧分子扩散与对流在点火过程中起到重要作用。对于粉尘云着火温度测试装置,可用一个无因子量特征数 $Da$,即达姆科勒(Damköhler)数来表征[32,66]。$Da$ 是系统反应放热速率与热传导、热对流和热辐射引起的散热速率之比。它经常用两个特征时间常数表达:一是散热时间常数 $\tau_L$,二是放热时间常数 $\tau_G$,即:

$$Da = \frac{\tau_L}{\tau_G} \tag{3-4}$$

温度对化学反应速率的影响通常用式(2-2)来表征。

一般燃烧反应的化学反应速率可写成:

$$R_C = kC_f^p C_{OR}^q \tag{3-5}$$

式中,$p+q=m$ 是反应级数;$C_f$ 和 $C_{OR}$ 分别为反应区中煤粉颗粒和氧气浓度。当煤粉过量且 $q=1$ 时,则:

$$R_C = kC_{OR} \tag{3-6}$$

氧气从外界扩散到反应区的速率为:

$$R_D = D(C_{OS} - C_{OR}) \tag{3-7}$$

式中,$D$ 是热扩散速率常数;$C_{OS}$ 是环境氧气浓度。随着反应区中温度的升高,化学反应速率增加,当反应速率等于扩散速率时,有:

$$R_C = R_D \tag{3-8}$$

或

$$kC_{OR} = D(C_{OS} - C_{OR}) = C_{OS}\delta \tag{3-9}$$

式中，$\delta = kD/(k+D)$，其中 $\delta$ 为弗朗克-卡米涅茨基参数，是区别于式（3-1）的另一种表达形式。

若化学反应热为 $Q$，则：

$$R_{\mathrm{G}} = QC_{\mathrm{os}}\delta \tag{3-10}$$

将反应速率常数 $k$［式（2-2）］表达式代入 $\delta$ 表达式中，所得结果代入式（3-12），可得：

$$R_{\mathrm{G}} = \frac{QC_{\mathrm{os}}DA \cdot \exp(-E/RT)}{D + A \cdot \exp(-E/RT)} \tag{3-11}$$

而反应系统的散热速率如下：

$$R_{\mathrm{L}} = U(T - T_0)^n \tag{3-12}$$

式中，$U$ 和 $n$ 为系统的特征常数，$n \geqslant 1$；$T$ 为反应区中的温度；$T_0$ 为环境温度。

图 3-23 解释了煤粉云着火温度测试系统的稳定点火条件。图中 $R_{\mathrm{G}}$ 曲线呈"S"形，而对 $R_{\mathrm{L}}$，若只考虑热传导，$n=1$；考虑对流时，$n=5/4$；考虑辐射时，$n=4$。

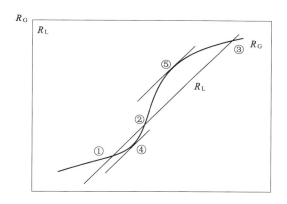

图 3-23　放热速率和散热速率随温度变化

图 3-23 中，$R_{\mathrm{L}}$ 线是只考虑热传导，即 $n=1$ 的情况，所以 $R_{\mathrm{L}}$ 为一条直线，它与 $R_{\mathrm{G}}$ 线相交三点。其中，交点③和交点①是稳定状态，即煤粉云能被稳定点燃的最低着火温度和不能被点燃的最高温度，在这两点附近的增加或减小一个温度微量 $\Delta T$，状态还会恢复到原位，不会对煤粉云点燃情况产生影响；交点②是不稳定的，一旦温度减小一个微量 $\Delta T$，则系统温度会越来越低，一直降到交点状态①；反之，如果系统温度增加一个微量 $\Delta T$，则系统温度会越来越高，一直上升到交点③状态。

若式（3-12）中的 $U$ 值增加，$R_{\mathrm{L}}$ 线就可达到临界切点⑤；当 $U$ 进一步增加，煤粉云点火就会失败,因为此时散热太快,系统中不可能形成热积累,火焰无法传播。

若用系统温度上升幅度参数 $\Delta T$ 对 $Da$ 作图,则可以得到如图 3-24 所示的稳态和不稳态区域图。下部分为稳定的无火焰区,上部分为稳定的火焰燃烧区,中间部分是不稳定的,为两种状态的过渡期,反应速率略微增加,就可使系统温度升高,直至通过点火点②,然后系统跳跃到上部分的稳态火焰传播状态。当冷却时,即增加 $U$ 或 $n$,或者 $U$ 和 $n$ 都增加时,反应速率降低,点火失败。

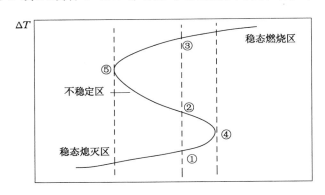

图 3-24 可燃系统的稳定性示意图

## 3.3.2 外界点火能量对煤粉云爆炸敏感性的影响

### 3.3.2.1 试验条件

外界点火能量对煤粉云爆炸敏感性的试验测试在哈特曼管装置中进行。哈特曼管装置主要由 1.2 L 哈特曼管、电极、气动活塞、千分尺、盛粉室、粉尘分散喷头、进气阀、喷粉阀、储气罐、箱体等组成,如图 3-25 所示。哈特曼管是一种全封闭式容积为 1.2 L 的有机玻璃管,它是模拟外界点火能量激发条件下对粉尘云爆炸敏感性影响的容器,粉尘云在其中被点燃并发生燃烧或爆炸。

图 3-26 为哈特曼管装置的实物图。试验开始时,首先将煤粉均匀分散在哈特曼管底部的盛粉室,通过 0.7 MPa 的压缩空气将煤粉分散到哈特曼管中形成煤粉云;然后使用电火花发生器产生的静电火花点火,通过哈特曼管观察煤粉云是否被点燃。

通常静电电火花能量采用式(3-13)来进行计算:

$$E = 0.5CU^2 \qquad (3-13)$$

式中,$C$ 为电容量;$U$ 为电路放电时的电压。

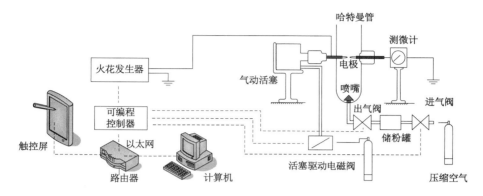

图 3-25　哈特曼管装置原理图

图 3-26　哈特曼管装置实物图

在试验过程中,由于电容放电存在放电不完全现象以及电路中线路的损耗,静电电火花的能量要小于电容储存的能量[67]。为了精确地测算外界激发煤粉的能量,本章采用电压电流积分法计算点火能量。该方法通过测量放电电极之间的瞬时电压和瞬时电流,对电压和电流进行时间积分来计算出电火花的能量,该方式得到的能量为电火花能量的真实值。其计算公式如下:

$$E = \frac{1}{2}\int_{t_1}^{t_2} U(t)I(t)\mathrm{d}t \tag{3-14}$$

式中，$U(t)$ 为放电电极之间的瞬时电压；$I(t)$ 为放电电极之间的瞬时电流；$t_1$ 和 $t_2$ 分别为放电起始时间和结束时间。

积分法测量静电花火点火能量的原理如图 3-27 所示，分压电阻 $R_3$ 和电流采样电阻 $R_4$ 分别用于采集放电电极两端的电压和放电回路电流。将电压测量端子和电流测量端子的电信号输入示波器或瞬态记录仪，并且对电压和电流进行时间积分，即可得到放电能量。

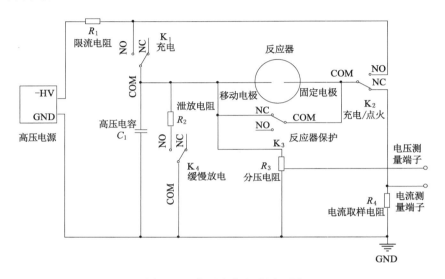

图 3-27  高压点火电路原理图

本试验主要利用哈特曼管装置研究外界点火能量激发条件下煤粉云点火能量随粉尘浓度、点火延时以及粉尘粒径之间的变化规律。在试验准备工作完成后，用一个足够点燃煤粉云的静电火花能量开始试验，以 10 mJ 为步长，降低外界激发的点火能量，粉尘的最小点火能量 $E_{\min}$ 介于连续 10 次试验均未出现着火的最大能量值 $E_1$ 和连续 10 次试验至少有 1 次出现着火的最小能量值 $E_2$ 之间[68]。本书取 $E_2$ 作为煤粉云对外界激发的最小点火能量。

### 3.3.2.2  浓度对点火能量激发条件下煤粉云爆炸敏感性的影响

在试验过程中，环境温度为 20～30 ℃，环境相对湿度为 25%～35%，选取中位径为 34 μm 煤粉作为研究对象，设定点火延时为 60 ms。煤粉质量分别为 0.15 g、0.30 g、0.60 g、0.90 g、1.20 g、1.50 g、1.80 g；相应地，在 1.2 L 哈特曼管中，平均浓度分别取 125 g/m³、250 g/m³、500 g/m³、750 g/m³、1 000 g/m³、1 250 g/m³、1 500 g/m³，结果见表 3-6 和图 3-28。

表 3-6 不同浓度条件下煤粉云的点火能量

| 点火延时/ms | 浓度/(g·m⁻³) | 点火能量/mJ | 试验结果 | 点火概率/% |
|---|---|---|---|---|
| 60 | 125 | 400 | 1 1 1 1 1 1 1 1 1 1 | 100 |
| | | 310 | 1 1 0 1 0 1 0 0 1 0 | 50 |
| | | 300 | 0 0 0 0 1 0 0 0 1 0 | 20 |
| | | 290 | 0 0 0 0 0 0 0 0 0 0 | 0 |
| 60 | 250 | 200 | 1 1 1 1 1 1 1 1 1 1 | 100 |
| | | 160 | 1 0 0 1 1 1 1 1 1 1 | 80 |
| | | 150 | 1 0 1 0 0 1 0 0 0 0 | 30 |
| | | 140 | 0 0 0 0 0 0 0 0 0 0 | 0 |
| 60 | 500 | 150 | 1 1 1 1 1 1 1 1 1 1 | 100 |
| | | 110 | 1 0 0 1 0 1 0 1 1 1 | 60 |
| | | 100 | 0 0 0 1 0 0 1 0 0 0 | 20 |
| | | 90 | 0 0 0 0 0 0 0 0 0 0 | 0 |
| 60 | 750 | 180 | 1 1 1 1 1 1 1 1 1 1 | 100 |
| | | 130 | 0 0 0 0 0 1 0 1 1 1 | 40 |
| | | 120 | 0 0 0 0 1 0 0 0 0 0 | 10 |
| | | 110 | 0 0 0 0 0 0 0 0 0 0 | 0 |
| 60 | 1 000 | 200 | 1 1 1 1 1 1 1 1 1 1 | 100 |
| | | 150 | 0 0 1 0 1 1 1 1 0 1 | 60 |
| | | 140 | 0 0 0 0 1 0 0 1 0 1 | 30 |
| | | 130 | 0 0 0 0 0 0 0 0 0 0 | 0 |
| 60 | 1 250 | 220 | 1 1 1 1 1 1 1 1 1 1 | 100 |
| | | 170 | 1 0 1 0 1 0 0 0 0 1 | 40 |
| | | 160 | 0 1 0 0 1 0 1 0 0 0 | 30 |
| | | 150 | 0 0 0 0 0 0 0 0 0 0 | 0 |
| 60 | 1 500 | 290 | 1 1 1 1 1 1 1 1 1 1 | 100 |
| | | 200 | 0 0 1 0 1 0 0 1 0 0 | 30 |
| | | 190 | 0 0 0 1 0 0 0 0 0 0 | 10 |
| | | 180 | 0 0 0 0 0 0 0 0 0 0 | 0 |

注:"1"代表着火;"0"代表未着火。

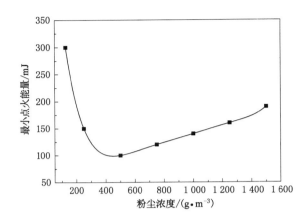

图 3-28　不同浓度条件下煤粉云的最小点火能量

由表 3-6 和图 3-28 可知,当煤粉云浓度在 125～1 500 g/m³ 时,随着煤粉云浓度的增加,煤粉云的最小点火能量随着煤粉云浓度的增加呈现"先减小、后增大"的趋势。这是因为在低浓度阶段,随着煤粉云浓度的增加,单位体积内被电火花点燃的颗粒数目增加,煤粉颗粒表面升温速度加快,产生的热量也增多,整个体系的点火强度加强,煤粉云的最小点火能量随着浓度的增加而逐渐减小;当煤粉云浓度超过 500 g/m³ 时,随着煤粉云浓度的增加,过量的煤粉颗粒吸收的电火花能量也相应增加,对点火起到一定的抑制作用,使得煤粉云的最小点火能量随着浓度的增大而增大。此外,燃烧颗粒能否引燃未燃颗粒与点火区域颗粒之间的距离密切相关[69],点火区域单位体积内颗粒数目的多少,即煤粉云浓度会直接影响煤粉云的点火能量。当煤粉云浓度从低到高逐渐增加时,煤粉颗粒之间的距离逐渐减小,使燃烧颗粒向未燃颗粒传递能量的过程加快,从而有利于点火成功。然而,当煤粉云浓度达到最佳点火浓度之后,进一步增加煤粉云浓度,虽然颗粒间距较小、参与燃烧的颗粒数目也较多,但是每个颗粒从点火源平均获得的能量变小,同样不利于点火成功。因此,在煤粉云点火能量激发试验中存在一个最佳浓度,在此浓度下点燃煤粉云所需要的外加激发能量最低。

因此,在点火延时为 60 ms 的条件下,煤粉云外界激发的最小点火能量为 100 mJ,对应的最佳点火浓度为 500 g/m³。

### 3.3.2.3　点火延时对点火能量激发条件下煤粉云爆炸敏感性的影响

煤粉在哈特曼管底部经过压缩空气分散形成粉尘云,经过点火电极释放电火花点燃。在不同的点火延时条件下,由于煤粉云在哈特曼管中的紊流状态不同,导致煤粉云对外界激发的点火能量也不同。

　　在试验过程中,环境温度为 20～30 ℃,环境相对湿度为 25%～35%,煤粉中位径为 34 $\mu$m,设定煤粉云浓度为 500 g/m³。点火延时分别为 15 ms、30 ms、60 ms、90 ms、120 ms、150 ms、180 ms,对煤粉云进行外界激发的点火能量试验,结果见表 3-7 和图 3-29。

表 3-7　不同点火延时条件下煤粉云的点火能量

| 浓度/(g·m⁻³) | 点火延时/ms | 点火能量/mJ | 试验结果 | 点火概率/% |
|---|---|---|---|---|
| 500 | 15 | 600 | 1 1 1 1 1 1 1 1 1 1 | 100 |
| | | 480 | 0 1 0 1 0 0 0 1 1 0 | 40 |
| | | 470 | 0 1 0 1 0 0 0 1 0 0 | 30 |
| | | 460 | 0 0 0 0 0 0 0 0 0 0 | 0 |
| 500 | 30 | 350 | 1 1 1 1 1 1 1 1 1 1 | 100 |
| | | 240 | 0 0 0 1 1 0 0 0 1 0 | 30 |
| | | 230 | 1 0 1 0 0 0 0 0 0 0 | 20 |
| | | 220 | 0 0 0 0 0 0 0 0 0 0 | 0 |
| 500 | 60 | 150 | 1 1 1 1 1 1 1 1 1 1 | 100 |
| | | 110 | 1 0 0 1 0 1 0 1 1 1 | 60 |
| | | 100 | 0 0 0 1 0 0 1 0 0 0 | 20 |
| | | 90 | 0 0 0 0 0 0 0 0 0 0 | 0 |
| 500 | 90 | 130 | 1 1 1 1 1 1 1 1 1 1 | 100 |
| | | 100 | 1 1 0 1 1 1 0 1 0 1 | 70 |
| | | 90 | 0 1 0 0 1 0 1 1 0 1 | 50 |
| | | 80 | 0 0 0 0 0 0 0 0 0 0 | 0 |
| 500 | 120 | 140 | 1 1 1 1 1 1 1 1 1 1 | 100 |
| | | 110 | 1 0 1 1 1 1 1 1 0 1 | 80 |
| | | 100 | 0 0 0 0 1 1 0 1 0 0 | 30 |
| | | 90 | 0 0 0 0 0 0 0 0 0 0 | 0 |
| 500 | 150 | 280 | 1 1 1 1 1 1 1 1 1 1 | 100 |
| | | 210 | 0 0 1 0 1 0 0 1 0 0 | 30 |
| | | 200 | 0 0 0 0 1 0 1 0 0 0 | 20 |
| | | 190 | 0 0 0 0 0 0 0 0 0 0 | 0 |

表 3-7(续)

| 浓度/(g・m⁻³) | 点火延时/ms | 点火能量/mJ | 试验结果 | 点火概率/% |
|---|---|---|---|---|
| 500 | 180 | 380 | 1 1 1 1 1 1 1 1 1 1 | 100 |
| | | 310 | 0 0 0 0 0 1 0 0 1 0 | 20 |
| | | 300 | 0 1 0 0 0 0 0 0 0 0 | 10 |
| | | 290 | 0 0 0 0 0 0 0 0 0 0 | 0 |

注:"1"代表着火;"0"代表未着火。

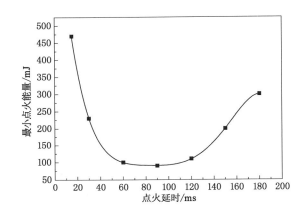

图 3-29　不同点火延时下的煤粉云最小点火能量

由表 3-7 和图 3-29 可知,在 15～60 ms 内,随着点火延时的增加,最小点火能量急剧下降;在 60～90 ms 内,最小点火能量趋于平缓,随后继续增加点火延时,最小点火能量反而逐渐加大。从动力学的观点来看,煤粉的点火延时是与粉尘的湍流度密切相关的。湍流度是指燃烧颗粒相对于气相或未燃烧颗粒的运动,并依赖于颗粒的燃烧特征。由于煤粉在燃烧初期阶段挥发分逸出速度很快,初始燃烧主要是在气相发生,这时颗粒相对于气相的运动就十分重要。因此,湍流度对煤粉云最小点火能量的影响就至关重要。

湍流是一种不规则的流动状态,其变量随时间和空间随机变化,通常用统计平均值的方法来计算。对于粉尘云一般采用粉尘粒子的统计均方根值 RMS (root mean square)来描述湍流度,即:

$$u_{RMS} = \sqrt{\frac{\sum_{i=1}^{n}(u_i - u)^2}{n}} \qquad (3-15)$$

式中,$u$ 为 $n$ 次测量的平均速度。

求速度平均值通常有两种方法：一种是算术平均法，另一种是时间加权平均法，如式(3-16)和式(3-17)所列。

$$u = \frac{1}{N}\sum_{i=1}^{N} u_i \qquad (3\text{-}16)$$

$$u = \frac{1}{T}\sum_{i=1}^{N} u_i \Delta t_i \qquad (3\text{-}17)$$

由表 3-7 和图 3-29 可知，在相同试验条件下，点火延时对点火能量有很大的影响。由于煤粉是通过压缩空气来进行喷粉的，当点火延时较短时，湍流度比较大，粉尘云存在快速的对流，在点火过程中会有相当一部分的能量被带离点火区域，从而影响电火花的点火能力，使点火变得困难，最小点火能量升高；随着点火延时的增加，粉尘云的湍流度逐渐减小。当点火延时为 90 ms 时，粉尘的湍流度达到某一临界值，煤粉云的点火能量最小，煤粉云最容易被点燃；当点火延时继续增加时，最小点火能反而呈现增加的趋势，因为此时煤粉云湍流度太小，被扬起的煤粉受自身重力作用发生沉降，造成煤粉云浓度的急剧下降。

因此，在煤粉云浓度为 500 g/m³ 的条件下，得出煤粉云外界激发的最小点火能量为 90 mJ，对应的最佳点火延时为 90 ms。

#### 3.3.2.4　粒径对点火能量激发条件下煤粉云爆炸敏感性的影响

试验中，环境温度为 20～30 ℃，环境相对湿度为 25%～35%，设定煤粉云浓度为 500 g/m³，点火延时为 90 ms。对中位径分别为 34 μm、52 μm、75 μm 和 124 μm 的煤粉云试样进行外界激发的点火能量试验，结果见表 3-7 和图 3-30。

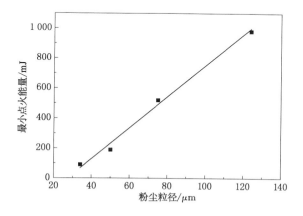

图 3-30　不同粒径下的煤粉云最小点火能量

煤粉粒径是煤粉云点火能量试验中的一个很重要的参数，对外界激发的点火能量的影响非常大。通常情况下,煤粉颗粒越小,越容易被点燃,燃烧的猛烈程度也相应增加。由表 3-8 和图 3-30 可知,煤粉中位径在 $34\sim124\ \mu\mathrm{m}$,煤粉云最小点火能量随着煤粉粒径的增加而呈现线性增大的趋势,这是因为随着煤粉粒径的增加,煤粉的比表面积减小,因此煤粉粒子的点火过程越缓慢,煤粉吸收热量越困难,导致点火成功概率下降,从而使煤粉的最小点火能量逐渐增加。

表 3-8 不同粒径下煤粉云的点火能量

| 中位径/μm | 点火延时/ms | 浓度/(g·m⁻³) | 点火能量/mJ | 试验结果 | 点火概率/% |
|---|---|---|---|---|---|
| 34 | 90 | 500 | 130 | 1 1 1 1 1 1 1 1 1 1 | 100 |
| | | | 100 | 1 1 0 1 1 1 0 1 0 1 | 70 |
| | | | 90 | 0 1 0 0 1 0 1 1 0 1 | 50 |
| | | | 80 | 0 0 0 0 0 0 0 0 0 0 | 0 |
| 52 | 90 | 500 | 430 | 1 1 1 1 1 1 1 1 1 1 | 100 |
| | | | 200 | 1 0 0 0 0 0 0 1 0 1 | 30 |
| | | | 190 | 0 0 1 0 0 0 0 0 0 0 | 10 |
| | | | 180 | 0 0 0 0 0 0 0 0 0 0 | 0 |
| 75 | 90 | 500 | 780 | 1 1 1 1 1 1 1 1 1 1 | 100 |
| | | | 530 | 1 1 0 0 0 0 0 0 0 0 | 20 |
| | | | 520 | 1 0 0 1 0 0 0 0 0 0 | 20 |
| | | | 510 | 0 0 0 0 0 0 0 0 0 0 | 0 |
| 124 | 90 | 500 | 2 300 | 1 1 1 1 1 1 1 1 1 1 | 100 |
| | | | 990 | 0 0 0 0 0 0 0 1 0 0 | 10 |
| | | | 980 | 0 0 0 1 0 0 1 0 0 0 | 10 |
| | | | 970 | 0 0 0 0 0 0 0 0 0 0 | 0 |

注:"1"代表着火;"0"代表未着火。

粒径对煤粉云最小点火能量的影响做如下分析:

煤粉云浓度 $c$ 的计算公式为[70]:

$$c = \frac{\pi}{6} N \rho_{\mathrm{p}} d_{\mathrm{p}}^3 = \frac{2}{3} N \rho_{\mathrm{p}} S_{\mathrm{p}} d_{\mathrm{p}} \tag{3-18}$$

式中,$N$ 为煤粉颗粒数;$\rho_p$ 为煤粉密度;$d_p$ 煤粉颗粒直径;$S_p$ 为煤粉颗粒表面积。

由式(3-18)可知,当煤粉云浓度相同时,煤粉颗粒数 $N$ 和 $\dfrac{1}{d_p^3}$ 成正比,煤粉颗粒的总表面积 $NS_p$ 和 $\dfrac{1}{d_p}$ 成正比。

由于煤粉点火受热过程较短,可以视为绝热过程,则煤粉颗粒的受热方程为:

$$\frac{\pi}{6}\rho_p d_p^3 c_p \frac{\mathrm{d}T_p}{\mathrm{d}t} = \pi d_p^2 \varepsilon \sigma_o (T_B^4 - T_p^4) - \alpha \pi d_p^2 (T_p - T_g) \qquad (3\text{-}19)$$

由式(3-19)可知,煤尘颗粒的升温速率 $\dfrac{\mathrm{d}T_p}{\mathrm{d}t}$ 和 $\dfrac{1}{d_p}$ 成正比。

由以上分析可以得出,煤粉受热之后的升温速率和煤粉粒径成反比。因此,煤粉云最小点火能量随着煤粉粒径的增大而逐渐增大,试验结果和理论分析相一致。

需要指出的是,粉尘粒径大于 $500~\mu m$ 的粉尘云通常不能被电火花点燃。但是,工业生产中的粉尘粒径分布范围较广,可能有相当一部分颗粒的粒径非常小,而另一部分的粒径却很大,远大于试验中的粒径分布范围。因此,为了获得某一粉尘云最可靠的点火能量数据,在试验过程中一定要对粉尘的粒径分布情况进行实际测量,并以此对工业生产中外界点火能量对煤粉云爆炸敏感性的影响进行综合评估。

### 3.3.3 煤粉成分对煤粉云爆炸敏感性的影响研究

#### 3.3.3.1 试验条件

选择 4 种煤粉,表 3-9 总结了这些样品的近似分析结果。可以看出,1#、2#、3#、4#煤粉的挥发分分别为 41.75%、35.41%、30.23%和 26.37%。试验前,样品在 200 目振动筛中筛分,在 30 ℃真空烘箱中干燥 48 h。

**表 3-9　煤粉的组分分析**

| 样品 | 组分/% | | | |
| --- | --- | --- | --- | --- |
| | 水分 | 灰分 | 挥发分 | 固定碳 |
| 1#煤粉 | 3.54 | 14.46 | 41.75 | 40.25 |
| 2#煤粉 | 3.01 | 8.85 | 35.41 | 52.73 |
| 3#煤粉 | 5.05 | 6.98 | 30.23 | 57.74 |
| 4#煤粉 | 4.03 | 10.85 | 26.37 | 58.75 |

煤粉成分对煤粉云爆炸敏感性测试在哈特曼管装置中进行,装置原理如图 3-25所示,实物图如图 3-26 所示,试验测得了 4 种煤粉的最小点火能。

实际上,煤粉发生燃烧或爆炸的过程就是煤粉各种官能团发生一系列的氧化还原反应并放出热量的过程。通过原位扩散反射傅里叶变换红外光谱法(FTIR)对 4 种煤粉中官能团的变化进行了测试,如图 3-8 所示。

### 3.3.3.2　煤粉成分对煤粉云最小点火能量的影响

在 1.2 L 哈特曼爆炸试验装置中,对浓度为 125 g/m³、250 g/m³、500 g/m³、750 g/m³、1 000 g/m³、1 250 g/m³、1 500 g/m³ 的 4 种煤粉在 80～500 mJ 的不同点火能量下进行了试验,测试结果如图 3-31 所示。

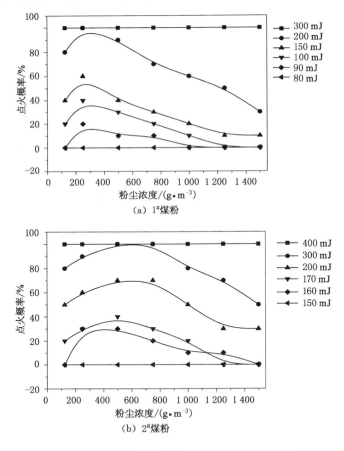

图 3-31　煤粉云最小点火能量试验结果

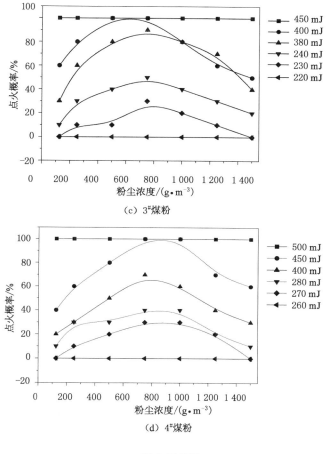

（c）3#煤粉

（d）4#煤粉

图 3-31（续）

试验通过连续地改变点火能量和煤粉云浓度，直到找到最小的点火能量值。如图 3-31 所示，随着煤粉挥发分的增加，煤粉云最小着火能量分别在 260～270 mJ、220～230 mJ、150～160 mJ 和 80～90 mJ 范围内。可以看出，最小着火能量随着煤粉挥发分的增加而降低；同时，随着煤粉云浓度的增加，点火概率增大，在各自的最佳浓度下达到最大值，然后在较高浓度下下降。随着煤粉挥发分的增加，当煤粉云浓度分别为 750 g/m³、750 g/m³、500 g/m³ 和 250 g/m³ 时，着火概率最高。另外，由图 3-31 中可以看出，4 种煤粉的点火概率随着点火能量的增加而增加，这是因为随着点火能量的增加，电火花放电温度更高，电火花持续时间也增加，电火花附近的粉尘吸收热量会增加，导致粉尘点火概率增加。

煤的着火本质上是源于活性官能团反应释放的热量的积累。随着现代在线分析方法的发展,原位漫反射傅里叶变换红外光谱被设计用于监测官能团的分布和浓度转换,实现了化学反应过程中官能团的原位收集。本书从煤粉点火过程中官能团变化的角度出发,为进一步研究煤的反应机理提供了一种方法。

### 3.3.3.3 从官能团变化角度看点火机制

煤与空气之间的化学反应受煤的种类的影响,有必要确定煤表面官能团的分布和浓度变化。原煤官能团在 30 ℃下分布的红外光谱和官能团在化学反应过程中变化的 3D 数据显示在图 3-32 和图 3-33 中。对 3D 数据进行分析,以确定特定波数下的峰值强度以及这些波数中的几个波数随时间变化时的强度变化。

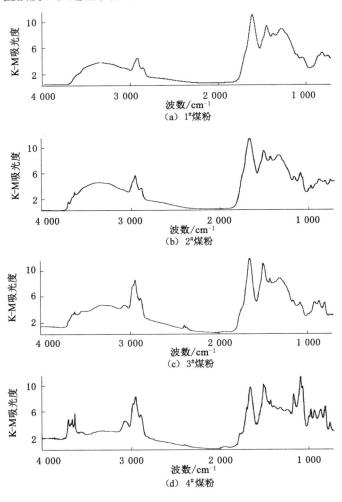

图 3-32 原煤粉的红外光谱图($1^{\#}$~$4^{\#}$煤粉)

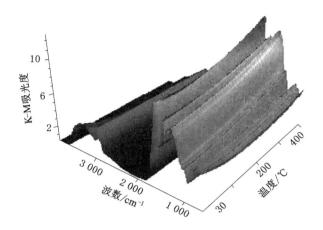

图 3-33 典型的原位三维红外光谱图

每个官能团的峰在原煤光谱中不能清楚地确认。因此,在红外光谱的定量分析中使用了不同的方法[71-74]。文献[75]通过二阶导数方法得到了不同种类吸收峰的中心位置,利用光谱的傅里叶自反褶积来分离这些基团。采用曲线拟合的方法得到的官能团的光谱强度,由曲线拟合方法得到的合成光谱对应于图 3-34 中的原始光谱。

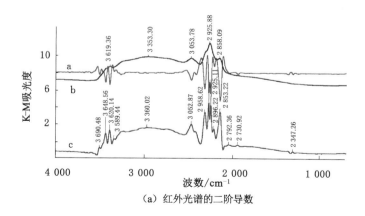

（a）红外光谱的二阶导数

图 3-34 红外光谱的分辨率和拟合曲线

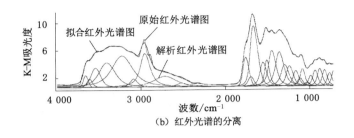

（b）红外光谱的分离

图 3-34（续）

　　利用上述方法，我们将 4 种不同煤粉的主要官能团分为以下几类：脂肪烃、芳香烃和含氧官能团。表 3-10 为煤粉主要官能团的峰位。根据各官能团的峰面积值，得到的官能团含量对比如图 3-35 所示。

表 3-10　　红外光谱吸收峰的描述

| 波数 /cm⁻¹ | 脂肪烃 | | | 芳香烃 | 含氧官能团 | | | |
|---|---|---|---|---|---|---|---|---|
| | —CH₃/—CH₂ | —CH | —C=C— | 取代苯类 | —OH | —C=O | —COOH | —C—O |
| 1# 煤粉 | 1 379.2 | 3 050.5 | 1 500.9 | 664.7 | 940.4 | 1 672.9 | 1 717.1 | 1 103.1 |
| | 1 449.6 | | 1 608.5 | 756.5 | 3 205.5 | | 2 643.7 | 1 177.5 |
| | 2 856.0 | | | 814.1 | 3 423.6 | | | 1 269.1 |
| | 2 931.4 | | | 877.2 | 3 597.6 | | | |
| 2# 煤粉 | 1 369.7 | | 1 510.2 | | 965.3 | 1 663.4 | 1 699.3 | 1 078.6 |
| | 1 458.3 | | 1 617.7 | | 3 210.8 | | 2 652.8 | 1 165.3 |
| | 2 845.2 | | | | 3 397.4 | | | 1 253.4 |
| | 2 940.3 | | | | 3602.1 | | | |
| 3# 煤粉 | 1 364.1 | | 1 508.0 | | 946.5 | 1 662.8 | 1 705.3 | 1 065.7 |
| | 1 496.7 | | 1 613.9 | | 3 217.5 | 1 732.2 | 2 654.3 | 1 135.4 |
| | 2 867.3 | | 1 625.4 | | 3 359.7 | | | 1 245.7 |
| | 2 945.1 | | 1 634.2 | | 3 605.4 | | | 1 253.7 |
| | 2 987.4 | | | | 3 628.3 | | | |
| 4# 煤粉 | 1 357.2 | | 1 479.3 | | 944.0 | 1 625.3 | 1 698.6 | 1 068.3 |
| | 1 454.3 | | 1 502.1 | | 3 218.4 | 1 660.0 | 2 595.2 | 1 154.2 |
| | 2 871.4 | | 1 532.7 | | 3 605.3 | | 2 643.1 | 1 245.7 |
| | 2 924.1 | | 1 562.0 | | 3 614.5 | | | |
| | | | 1 609.7 | | 3 673.8 | | | |

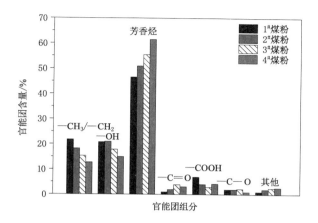

图 3-35 官能团组分对比

煤粉点火过程实际上是各种官能团的化学反应过程。图 3-35 表明，4 种不同挥发分煤的主要官能团为—CH$_3$/—CH$_2$、—OH 和芳香烃。不同煤种中不同官能团的比例不同。随着煤挥发分含量的降低，煤粉中主要官能团芳香烃的含量增加，—CH 的含量增加—CH$_3$/—CH$_2$ 和—OH 趋于下降（1$^#$ 和 2$^#$ 中—OH 的含量基本相同）。由于不同官能团之间化学反应的活化能和热释放速率的差异，官能团含量的不同必然导致点火能量的不同。因此，不同挥发分的煤具有不同的点火能量，这是由于分子结构的官能团含量差异较大。

点火能量取决于官能团的分布和含量，了解官能团的分布特征对于进一步研究点火机理具有重要意义。因此，利用所描述的定量分析方法对官能团的红外光谱进行处理，得到煤氧化过程中各官能团的变化规律，如图 3-36 所示。

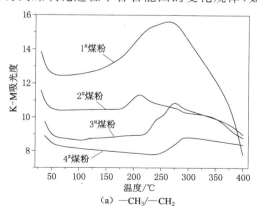

(a) —CH$_3$/—CH$_2$

图 3-36 氧化过程中官能团浓度随温度的变化曲线

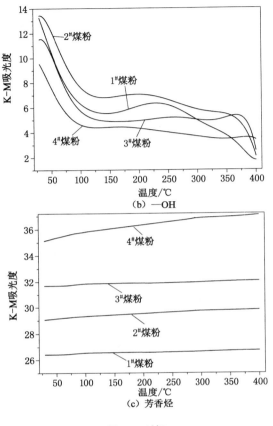

图 3-36（续）

如图 3-35 所示，芳香烃，—CH$_3$／—CH$_2$ 和—OH 的含量很大，高于—C═O和—COOH，表明它们在煤氧化过程中起主导作用。根据它们的反应活性，—CH$_3$／—CH$_2$ 和—OH 的原始基团在低温下易于发生反应[76-78]。在煤氧化的初始阶段，—CH$_3$／—CH$_2$ 含量从反应开始（30 ℃）就减少，说明煤一旦接触氧气后，—CH$_3$／—CH$_2$ 便开始反应，因而在煤氧化的过程中，—CH$_3$／—CH$_2$ 是非常活跃的基团，从一开始便参与反应并放出热量。如图 3-36(a)所示，—CH$_3$／—CH$_2$ 的含量会有一定程度的降低，且挥发分越低的煤，这一阶段内—CH$_3$／—CH$_2$ 基团红外光谱强度减少的时间延长；当温度分别到达 250 ℃、210 ℃、275 ℃和 290 ℃时，1$^\#$、2$^\#$、3$^\#$ 和 4$^\#$ 煤粉中的—CH$_3$／—CH$_2$ 均出现了大量减少的情况。这是因为当—CH$_3$／—CH$_2$ 与氧气接触后就首先参与氧化反应，在氧化的初期会有减少的趋势，但随着温度的升高，煤体中的脂肪烃链的不断断裂,同时煤体中断裂的各种自由基之间的碰撞会形成更多的—$CH_3$/—$CH_2$基团。当这两种基团被氧化所消耗的量小于产生的量时,—$CH_3$/—$CH_2$基团的含量又会呈现出增加的趋势,而这两种基团的含量出现再次大量减少的现象是因为,煤体中由于煤化作用所形成的脂肪烃含量是一定的。因此,在较高温度时形成—$CH_3$/—$CH_2$基团的速度开始低于其发生氧化反应所消耗的速度,呈现下降的趋势。在这一过程中,—$CH_3$/—$CH_2$发生化学反应产生大量的热,这是导致煤粉点火成功的重要原因之一。

如图 3-36(b)所示,4 种煤粉中—OH 的红外光谱强度值随着温度的升高而降低。从反应开始(30 ℃)起,—OH 浓度降低。这意味着当煤粉暴露在氧气中时,—OH 便开始反应。研究还表明,参与反应的羟基是煤氧化过程中的活性基团,从一开始就释放热量。当温度分别达到 250 ℃、370 ℃、360 ℃和 400 ℃时,$1^{\#}$、$2^{\#}$、$3^{\#}$和 $4^{\#}$煤粉中的—OH 浓度分别大大降低。挥发分含量越低,—OH 还原温度越高。在煤的氧化过程中,一些脂肪烃与氧结合形成—OH,但—OH 的形成速度小于其消耗速度,因此—OH 的含量整体降低。在这个过程中,—OH 的反应也释放了大量的热量,这是导致煤粉着火的另一个重要因素。

如图 3-36(c)所示,4 种煤粉的芳香烃红外光谱吸收峰强度值随着煤氧化温度升高(从 30 ℃升温到 400 ℃)略有增加,但强度的变化不大,说明煤中芳香烃在煤的氧化过程中,至少在 400 ℃以下不发生反应。在煤的结构中,芳香烃相对稳定,温度不高时氧化反应触及不到结构单元的核心,而芳香烃本身是很稳定的。根据学者们建立的煤化学结构模型[33-35,79-84]可以看到,煤的结构核心就是芳香烃,这些芳香环通过脂肪烃或者含氧官能团等通过化学键联结起来,所以芳香烃在氧化过程中略有增加是由连接在芳香烃结构上的脂肪侧链的脱落以及含氧官能团发生反应致使其中的键断裂而造成的,芳香烃是在煤粉点火成功形成高温燃烧后才开始参与化学反应。因此,在研究煤粉点火过程时可以不考虑芳香烃的氧化反应。

通过对以上 3 种主要官能团的分析可知,芳香烃属于惰性官能团,在煤粉的点火过程中较稳定,不参与氧化反应。煤粉燃烧主要是受到—$CH_3$/—$CH_2$和—OH 的影响,是煤粉中的主要活性官能团。综合前文对—$CH_3$/—$CH_2$和—OH 的变化规律可知,随着煤粉挥发分含量的降低,活性官能发生大量减少的温度整体上升,导致煤粉点火能量增大,这与图 3-31 得到的结果相一致。

# 3.4 密闭空间内极限条件下煤粉云爆炸敏感性研究

由粉尘爆炸五边形可知,在密闭条件下发生粉尘爆炸需要粉尘浓度在可爆范围内以及要有可供粉尘燃烧的氧气含量。因此,有必要对密闭空间内煤粉云爆炸下限和氧气下限展开研究。

### 3.4.1 密闭空间内煤粉云下限对煤粉云爆炸敏感性的影响

#### 3.4.1.1 试验条件

密闭空间内煤粉云爆炸下限和氧气下限的试验研究均是在 20 L 球形爆炸装置进行,该装置由容积为 20 L 的不锈钢球形罐、压力检测系统、分散系统、点火系统、控制系统及数据采集系统组成,如图 3-37 所示。容器的底部设有粉尘分散喷嘴,与储粉罐通过管路和电磁阀相连,储粉罐的容积为 0.6 L,可承受的最大压力为 10 MPa,球形罐的侧面设置观察窗,通过观察窗可观察罐内的火光。此外,球形罐还设有抽真空、可燃气体/惰性气体引入、空气引入、排气、压缩空气清洗接口等部件。20 L 球形爆炸装置除了用于测试粉尘云爆炸下限和粉尘云爆炸氧气下限以外,还可以用于粉尘云爆炸压力和爆炸指数的测试等。

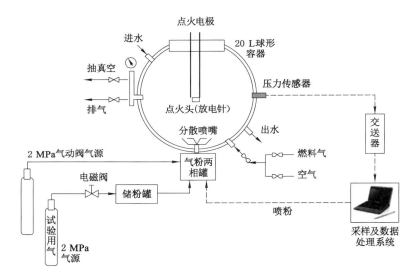

图 3-37　20 L 球爆炸装置示意图

粉尘云浓度处于一定的范围以内才可以发生粉尘爆炸。粉尘云的爆炸下限是粉尘云在给定能量的点火源作用下、刚好发生自动持续燃烧的最低浓度。在实际工艺中,可以采用控制粉尘浓度的方法来防止爆炸发生。

煤粉云最低爆炸下限是通过 20 L 球形爆炸装置来测定,如图 3-38 所示。试验前,将一定质量的化学点火具固定在 20 L 球的中心位置,化学点火具由活性锆粉、硝酸钡和过氧化钡组成。其中,活性锆粉占 40%(质量分数),硝酸钡占

30％(质量分数),过氧化钡占 30％(质量分数)[85]。在试验过程中,首先称量一定质量的煤粉(单独测试点火具爆炸压力时,不加入任何粉尘)放入 0.6 L 储粉罐内,加压至 2 MPa,对球体抽真空至—0.06 MPa,打开气粉两相罐,高压空气将煤粉通过喷嘴分散到容器中形成煤粉云。假设 20 L 球形容器内的气体为理想气体,通过式(3-20)理想气体状态方程计算,即:

图 3-38　20 L 球形爆炸装置的实物图

$$pV = nRT \tag{3-20}$$

　　当 20 L 球形容器内的压力为 101.325 kPa 时,控制系统自动停止进气,化学点火具在容器中心被引爆。通过改变相关试验条件,得到一系列爆炸压力-时间曲线,以煤粉云爆炸产生的压力 $\Delta p \geqslant 0.05$ MPa[86]作为煤粉云发生爆炸的依据。当粉尘浓度为 0 g/m³ 时,点火具产生的压力为 0.10 MPa,即临界爆炸压力 $p_{cri} = 0.15$ MPa。试验从某一可以发生爆炸的煤粉云浓度开始,以 10 g/m³ 为步长,改变煤粉云浓度,直到不发生爆炸为止。不发生爆炸的最大浓度记为 $c_1$,发生爆炸的最小浓度记为 $c_2$。爆炸下限 $c_{min}$ 介于试验发生爆炸的最小浓度 $c_2$ 和试验不发生爆炸的最大浓度 $c_1$ 之间。本书取 $c_2$ 作为煤粉云爆炸下限。

### 3.4.1.2　化学点火具自身的爆炸压力

　　由于化学点火具自身爆炸释放的能量会导致 20 L 球内压力上升,因此对煤粉云爆炸下限浓度测定之前,首先要对化学点火具自身爆炸产生的压力进行测定[87]。图 3-39 通过对质量为 0.24 g、0.48 g、0.96 g、1.20 g、1.92 g 和 2.40 g

的化学点火具进行试验而得出的一系列爆炸压力-时间曲线。

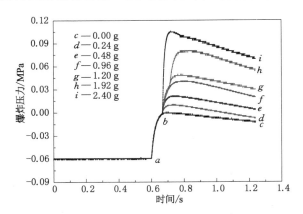

图 3-39　化学点火具爆炸压力-时间曲线

点火具中活性锆粉∶硝酸钡∶过氧化钡＝4∶3∶3,则化学反应方程式为∶

$$Zr+0.262Ba(NO_3)_2+0.404BaO_2+0.143O_2 = 0.666BaO+ZrO_2+0.262N_2$$

反应生成的能量：

$$\Delta H_1 = \sum_{B=1}^{n} \upsilon_B H_m \tag{3-21}$$

式中,$\upsilon_B$ 为参加反应的各物质的化学计量数;$\Delta H_1$ 为化学反应的焓变,kJ/mol。

因此：

$$\begin{aligned}
\Delta H_1 &= \sum_{B=1}^{n} \upsilon_B H_m \\
&= 0.666 \times (-548.1)+(-1\,100.6)-0.262 \times \\
&\quad (-728.0)-0.404 \times (-634.3) \\
&= 1\,018.6(\text{kJ/mol})
\end{aligned}$$

$$\Delta H = n_{Zr}\Delta H_1 = -\frac{m \times 0.4}{91.22} \times 1\,018.6 = -4.467m \tag{3-22}$$

式中,$m$ 为点火具的总质量;$\Delta H$ 为点火具放出的总热量。

各物质的反应焓为∶$\Delta_{Ba(NO_3)_2} H_m^\theta = -728.0$ kJ/mol;$\Delta_{BaO_2} H_m^\theta = -634.3$ kJ/mol;$\Delta_{BaO} H_m^\theta = -548.1$ kJ/mol;$\Delta_{ZrO_2} H_m^\theta = -1\,100.6$ kJ/mol。

爆炸过程是恒容绝热过程,假设爆炸初始温度为室温 $T_0 = 298$ K,大气压力 $p_0 = 101.3$ kPa。

反应前：

$$n_{N_2,1} = \frac{p_0 V}{RT_0} \times 0.78 = \frac{101.3 \times 20}{8.314 \times 298} \times 0.78 = 0.637\,8(\text{mol})$$

$$n_{O_2.1} = \frac{p_0 V}{RT_0} \times 0.21 = \frac{101.3 \times 20}{8.314 \times 298} \times 0.21 = 0.171\ 7(\text{mol})$$

反应后：

$$n_{N_2.2} = 0.262 n_{Zr} = 0.262 \times \frac{0.4m}{91.22} = 0.001\ 148m$$

$$n_{O_2.2} = 0.143 n_{Zr} = 0.143 \times \frac{0.4m}{91.22} = 0.000\ 629m$$

气体爆炸的恒容绝热反应过程可以简化为恒温恒容反应过程和恒容升温过程。根据热力学第一定律，恒容封闭系统可燃气体燃爆前后的热力学能不变。由状态函数的性质可知：

$$\Delta U = \Delta U_1 + \Delta U_2 = 0 \tag{3-23}$$

此反应过程可以分为绝热恒温反应和恒容升温反应，分别通过反应焓和比热容进行计算：

$$\Delta U_1 = \Delta H - \sum n_1 RT_0 \tag{3-24}$$

$$\Delta U_2 = \sum n_2 c_{V,m} \Delta T \tag{3-25}$$

绝热恒温反应时，生成的 $N_2$ 和消耗的 $O_2$ 物质的量之差：

$$n_1 = n_{N_2.2} - n_{O_2.2} = 0.000\ 519m$$

$$\Delta U_1 = \Delta H - \sum n_1 RT_0 = -4.467m \times 1\ 000 - 0.000\ 519\ RT_0 m \tag{3-26}$$

恒容升温反应时，

$$\begin{aligned}
\Delta U_2 &= \int_{298}^{T} n_{O_2} c_{V,mO_2}\,\mathrm{d}T + \int_{298}^{T} n_{N_2} c_{V,mN_2}\,\mathrm{d}T \\
&= \int_{298}^{T} (0.171\ 7 - 0.000\ 629m)[(a_1 + b_1 T + c_1 T^2) - R]\mathrm{d}T + \\
&\quad \int_{298}^{T} (0.637\ 8 + 0.001\ 148m)[(a_2 + b_2 T + c_2 T^2) - R]\mathrm{d}T
\end{aligned} \tag{3-27}$$

式中，$a_1 = 28.17$；$b_1 = 6.297 \times 10^{-3}$；$c_1 = -0.749\ 4 \times 10^{-6}$；$a_2 = 27.32$；$b_2 = 6.226 \times 10^{-3}$；$c_2 = -0.950\ 2 \times 10^{-6}$。

由 $\Delta U_1 + \Delta U_2 = 0$ 得：

$$\begin{aligned}
&\int_{298}^{T} (0.171\ 7 - 0.000\ 629m) \times [(a_1 + b_1 T + c_1 T^2) - R]\mathrm{d}T + \\
&\int_{298}^{T} (0.637\ 8 + 0.001\ 148m) \times [(a_2 + b_2 T + c_2 T^2) - R]\mathrm{d}T = \\
&4.467m \times 1\ 000 + 0.000\ 519\ RT_0 m
\end{aligned} \tag{3-28}$$

又因为

$$p = \frac{nRT}{V} = \frac{(0.637\ 8 + 0.171\ 7 + 0.000\ 519m) \times 8.314 \times T}{20}$$

因此,点火具爆炸产生的表压 $p_i$ 可以用容器中的绝对压力 $p$ 与大气压力 $p_0$ 之差来表示,即 $p_i = p - p_0$。

$$E_{eff} = \eta \Delta H_1 \tag{3-29}$$

$$p = \frac{E_{eff}(\gamma - 1)}{V} \tag{3-30}$$

式中,$\Delta H_1$ 为化学反应的焓变;$\eta$ 为转化效率;$E_{eff}$ 为有效能量;$p$ 为爆炸压力;$\gamma$ 为空气的比热比。

将 20 L 球爆炸的反应过程近似看作恒容绝热过程,普鲁斯特(Proust)[88] 和蒯念生等[89] 通过大量的试验得出 20 L 球爆炸的化学点火具有效能量约为总能量的 50%。根据式(3-21)至式(3-30)计算反应生成的最终压力,理论计算结果和相应试验结果见表 3-11 和图 3-40。

**表 3-11 不同质量点火具的爆炸压力**

| 质量/g | | 0.24 | 0.48 | 0.72 | 0.96 | 1.20 | 1.44 | 1.68 | 1.92 | 2.16 | 2.40 |
|---|---|---|---|---|---|---|---|---|---|---|---|
| $p_i$/MPa | 理论计算值 | 0.010 | 0.020 | 0.030 | 0.040 | 0.049 | 0.059 | 0.070 | 0.080 | 0.090 | 0.100 |
| | 试验值 | 0.009 | 0.019 | — | 0.039 | 0.049 | — | — | 0.080 | — | 0.106 |

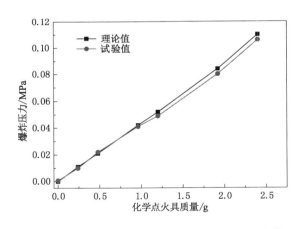

图 3-40 点火具爆炸压力与理论计算压力对比曲线

由图 3-40 对比分析可得,质量分别为 0.24 g、0.48 g、0.96g、1.20 g、1.92 g 和 2.40 g 的化学点火具,试验压力分别为 0.009 MPa、0.019 MPa、0.039 MPa、0.049 MPa、0.080 MPa、0.106 MPa;理论计算压力普遍等于或略高于试验压力,分别为 0.010 MPa、0.020 MPa、0.040 MPa、0.049 MPa、0.080 MPa 和 0.100 MPa。因为理论计算过程为恒容绝热过程,所以试验过程存在容器的边壁

热损失[32]。总体而言,在化学点火具质量相同的情况下,爆炸压力的理论值和试验值基本相吻合。

### 3.4.1.3 密闭空间内煤粉云爆炸下限浓度含量的研究

在试验过程中,环境温度为 20~30 ℃,选取中位径为 34 μm 的煤粉进行试验。不同化学点火具质量下煤粉云爆炸下限如图 3-41 所示;煤粉云爆炸产生的压力如图 3-42 所示。

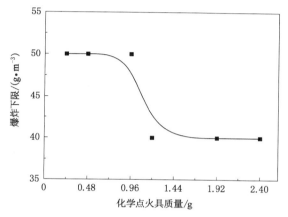

图 3-41　不同化学点火具质量下的煤粉云爆炸下限

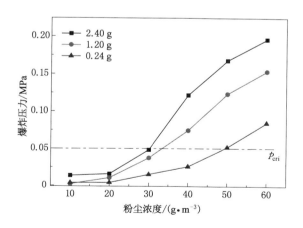

图 3-42　不同点火具质量下煤粉云浓度和爆炸压力曲线

由图 3-41 可知,当化学点火具质量为 0.24~2.4 g,煤粉云的爆炸下限随着化学点火具质量的增加逐渐由 50 g/m³ 降低至 40 g/m³。由图 3-42 可知,当煤粉云浓度为 10~60 g/m³,不同质量的化学点火具点火条件下,煤粉云的爆炸压力均随着浓度的增加而不断上升;在同一浓度条件下,煤粉云的爆炸压力随着化学点火具质量的增加而增加。

对煤粉云在密闭空间内的爆炸下限进行如下分析:

假设在反应过程中煤粉云浓度、外界温度、压力和散热条件不变,则混合体系化学反应产生的热量为:

$$q_1 = QuV = qVZ\varphi_A^n \exp\left(-\frac{E}{RT}\right) \tag{3-31}$$

式中,$Q$ 为化学反应热;$u$ 为反应速度;$V$ 为反应体系体积;$Z$ 为活化分子指前因子;$T$ 为燃爆体系的绝对温度;$n$ 为化学反应级数。

煤粉云在密闭条件下燃烧过程中向四周散失的热:

$$q_2 = hS(T - T_0) \tag{3-32}$$

式中,$T_0$ 为四周介质的绝对温度;$S$ 为传热总的表面积;$h$ 为煤粉云与四周介质的传热系数。

煤粉云本身升温所需要的热量:

$$q_3 = \rho c_V V \frac{\mathrm{d}T}{\mathrm{d}t} \tag{3-33}$$

式中,$\rho$ 为煤粉云的密度;$t$ 为时间;$c_V$ 为比定容热容。

根据反应系统热量守恒定律可得:

$$\rho c_V V \frac{\mathrm{d}T}{\mathrm{d}t} = qVZ\varphi_A^n \exp\left(-\frac{E}{RT}\right) - hS(T - T_0) \tag{3-34}$$

从式(3-31)至式(3-33)可以看出,密闭系统内反应热 $q_1$ 与 $T$ 的关系为不断加速的指数关系,散失的热 $q_2$ 与 $T$ 呈线性关系。要使式(3-34)成立,那么式(3-31)所表示的曲线与式(3-32)曲线必须相交或相切,如图 3-43 所示。

若煤粉云浓度过低,化学点火具点燃煤粉放出的热量较少,导致初始温度较低。当 $T_0 = T_{01}$,$q_1$—$T$ 与 $q_2$—$T$ 两条曲线相交于 $a$、$b$ 两点,它们都有 $q_1 = q_2$,$\mathrm{d}T/\mathrm{d}t = 0$,其中 $a$ 为真稳态点,$b$ 为亚稳态点;当温度 $T < T_a$ 时,$q_1 > q_2$,$\mathrm{d}(q_1 - q_2)/\mathrm{d}t < 0$,即生成热大于散失热,但反应生成热速率比散失热的速率小,系统升温到 $T_a$;当 $T_a < T < T_b$ 时,$q_1 < q_2$,$\mathrm{d}(q_1 - q_2)/\mathrm{d}t < 0$,即散失热大于生成热,系统不断降温到 $T_a$。所以,$a$ 点发生的是一个以一定极限速度进行化学反应的稳定过程,若有扰动能自动调节恢复到温度 $T_a$,但不能过渡到着火阶段。当体系温度 $T > T_b$ 时,$q_1 > q_2$,$\mathrm{d}(q_1 - q_2)/\mathrm{d}t > 0$,即生成热大于散失热,反应生成热速率大于散失热的速率,系统不断升温,反应加快,迅速过渡到燃爆阶段。

若煤粉云达到一定的浓度以后,化学点火具点燃煤粉放出的热量较大,导致初始温度较高,即 $T_0 = T_{03}$,任何温度下整个系统得到反应热都大于散失热,系统温度和反应速率都会无限增长而发生燃爆现象。

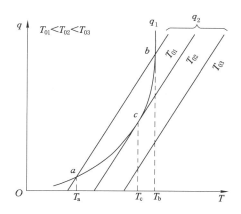

图 3-43  $q_1$ 和 $q_2$ 及其系统温度的关系

若煤粉云浓度适中,化学点火具点燃煤粉释放出一定的热量,则初始温度为中等,使介质温度逐渐高于 $T_{01}$,则 $a$、$b$ 两点彼此接近,在 $T_0 = T_{02}$ 时 $a$、$b$ 重合于 $c$ 点,$q_1$—$T$ 与 $q_2$—$T$ 相切。显然,$q_{1c} = q_{2c}$,$\left(\dfrac{\mathrm{d}q_1}{\mathrm{d}t}\right)_c = \left(\dfrac{\mathrm{d}q_2}{\mathrm{d}t}\right)_c$。$C$ 点也是一个亚稳定点,在 $T < T_c$ 时最终以定速进行反应而不发生燃爆现象,但只要稍高于扰动使 $T > T_c$,系统温度和反应速率就会无限增长而发生燃爆。

综上所述,介质温度 $T_{02}$ 是一个分界温度,超过这个温度时,体系就有可能发生燃爆现象,否则就不能发生,而 $T_c$ 称为该条件下的临界点。实际上,$T_c$ 因为无法测定,$T_c$ 与 $T_{02}$ 相差也不大,所以一般称 $T_{02}$ 为此临界温度,它是保证体系能自动加热升温时周围介质的最小温度。以 $\Delta p \geqslant 0.05$ MPa 作为煤粉云发生燃爆的判定依据,由图 3-41 可知:当化学点火具质量为 0.24 g 时,煤粉云的爆炸下限浓度为 50 g/m³;当化学点火具的质量增加到 1.20 g 时,煤粉云的爆炸下限为 40 g/m³,煤粉的爆炸下限降低,煤粉云被点燃的爆炸危险性进一步增加。继续增加化学点火具达 2.40 g,此时煤粉云的爆炸下限仍为 40 g/m³,但在此条件下煤粉云的爆炸压力比化学点火具的质量为 1.20 g 时的爆炸压力明显上升。当煤粉云浓度低于 30 g/m³ 时,随着煤粉云浓度的增加,压力有所上升,但 $\Delta p$ 均未达到 0.05 MPa,煤粉未发生爆炸。这是因为煤粉云浓度过低,单位体积内参与燃烧的颗粒较少,不足以使煤粉燃烧自动持续下去[90],不能形成有效的爆炸。同理,当煤粉云浓度足够大时,单位体积内参与燃烧的颗粒较多,能够使燃烧进一步持续下去,最终形成粉尘连锁爆炸。

图 3-44 为煤粉云浓度 40 g/m³ 时不同化学点火具质量下爆炸压力-时间曲线。由图可知,随着化学点火具质量的增加,煤粉云的爆炸压力上升,在达到最

大爆炸压力前,爆炸压力的变化率也随着点火具质量的增加而明显提高,到达最大爆炸压力后缓慢下降,逐渐达到平衡。

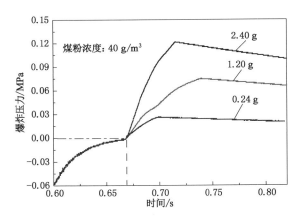

图 3-44　不同点火具质量下煤粉云爆炸压力-时间曲线

## 3.4.2　密闭空间内氧气下限对煤粉云爆炸敏感性的影响

### 3.4.2.1　试验条件

当粉尘云所处环境中氧气浓度(体积分数)处于一定的范围时,才可能发生粉尘爆炸;当氧气含量降低到一定限度时,无论其他影响因素怎样变化,环境中的氧气含量不足以维持粉尘爆炸的过程持续下去。粉尘云爆炸氧极限反映了粉尘云爆炸的最低氧气含量。在实际工艺中,可以采用控制粉尘所在空间的氧气含量的方法防止粉尘爆炸发生。

密闭空间内氧气下限试验在 20 L 球爆炸装置中进行,环境温度为 20～30 ℃,选取中位径为 34 $\mu$m 的煤粉进行试验。通过通入氮气的方法改变 20 L 球形装置中氧气的浓度。试验开始后,化学点火具在容器中心被引燃,从某一可爆的近氧气下限开始试验,以 1‰ 为步长,逐渐降低氧气含量,直到在该氧气浓度条件下,所有浓度的煤粉云都不发生爆炸。粉尘云爆炸氧气下限 $c_{min}$ 介于在任一粉尘浓度条件下均未出现爆炸的最高氧气浓度 $c_1$ 和任一粉尘浓度条件下至少有 1 组试验出现爆炸的最低氧气浓度 $c_2$ 之间。本书取 $c_2$ 作为粉尘云最低氧极限。

### 3.4.2.2　密闭空间内煤粉云爆炸氧气下限的试验研究

在化学点火具质量为 0.48 g 的点火条件下,在 20 L 球形爆炸装置中分别对浓度为 60 g/m³、125 g/m³、250 g/m³、500 g/m³、750 g/m³、1 000 g/m³、1 250 g/m³、1 500 g/m³ 的煤粉云爆炸氧气下限进行试验,如图 3-45 所示。

在相同的煤粉云浓度条件下,容器内压力随氧气浓度的降低而减小,以 $\Delta p \geqslant$
0.05 MPa 作为煤粉云爆炸的临界压力。当容器中的氧气浓度降低至 13%
时,在任一煤粉云浓度条件下,都不会发生粉尘爆炸,说明煤粉云在发生爆炸
的过程中,容器中的氧气浓度起到了重要的作用,煤粉云爆炸的氧气下限为
14%。在同一含氧条件下,煤粉云点燃后的压力随着粉尘浓度的增加呈现出
"先增加、后减小"的趋势。当氧气浓度在 15% 以上时,煤粉云被点燃后的最
大压力出现在粉尘浓度为 250 g/m³ 的条件下。但是,当氧气浓度降至 14% 以
下时,煤粉云被点燃后的最大压力出现在粉尘浓度为 125 g/m³ 的条件下,说
明随着空气中氧含量的降低,空间中的氧浓度不足,空间中过量的煤粉阻碍了
煤粉燃烧链的进一步燃烧,容器中有效燃烧的煤粉减少,使煤粉云的最佳点燃
浓度逐渐降低。

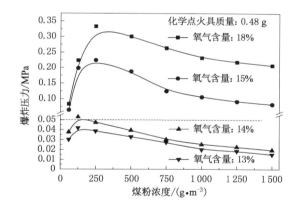

图 3-45　煤粉云爆炸氧气下限测试结果

　　由以上分析可知,在化学点火具质量为 0.48 g 的条件下,得出煤粉云爆
炸氧气极限为 14%。图 3-46 为不同质量的化学点火具点火条件下煤粉云爆
炸氧气下限。可以看出,当化学点火具为 0.24 g 时,煤粉云爆炸氧气下限为
16%;当化学点火具质量增加至 1.20 g 时,煤粉云爆炸氧气下限为 11%。这
是因为点火能量的增加,对煤粉点火起到一定的激励作用,有助于煤粉云爆炸
的发生;继续增加化学点火具的质量,煤粉云爆炸氧气下限不再发生变化。虽
然化学点火具的增加对煤粉云的点火起到一定的激励作用,但此时由于 20 L
球形爆炸容器内的氧气浓度一定,点火激励作用不足以进一步降低煤粉云爆
炸氧极限。

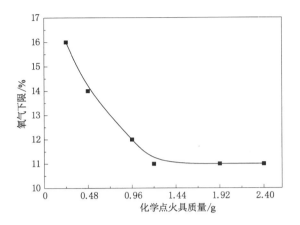

图 3-46　不同化学点火具质量下煤粉云爆炸氧气下限

# 3.5　本章小结

　　本章主要研究了堆积状态下外界热量对煤粉点燃的激发作用,并对煤粉升温阶段官能团的变化规律进行了分析,探讨了煤粉升温过程中的官能团的变化对煤粉点燃的影响;同时,研究了外界能量激发以及煤粉自身所处空间极限条件下煤粉云爆炸敏感性参数试验,研究发现:

　　(1) 通过粉尘层着火温度装置研究了堆积状态下煤粉厚度对煤粉层着火温度的影响。结果表明,当堆积煤粉厚度低于 15 mm 时,煤粉层的着火温度随着煤粉的堆积厚度的增加而降低;当堆积煤粉厚度高于 15 mm 时,煤粉层的着火温度保持不变,煤粉层的最低着火温度为 270 ℃。

　　(2) 通过原位漫反射傅立叶变换红外光谱技术,对煤粉升温阶段官能团含量的变化进行了原位实时采集。结果表明,煤粉中的主要官能团包括脂肪烃、含氧官能团和芳香烃三大类。从煤粉升温初始阶段的变化规律可以看出,煤粉中的官能团含量变化最大的是—$CH_3$/—$CH_2$ 和—OH,在堆积煤粉着火温度的范围内,—$CH_3$/—$CH_2$ 和—OH 含量均大量减少,说明—$CH_3$/—$CH_2$ 和—OH 参与了煤粉的点燃过程,是煤粉的主体含量活性官能团,对煤粉的点燃过程起着重要的作用。

　　(3) 在哈特曼装置中,选用 4 种煤粉测量最小点火能。随着挥发分的降低,煤粉云的最小点火能增加。同时,通过原位系列漫反射红外光谱研究了官能团的变化规律,官能团的温度测量范围为 30～400 ℃。结果表明,主要官能团分别为芳烃、—CH₃/—CH₂和—OH。结合主要官能团的变化规律和着火活性,发现原位红外光谱技术为解释煤的着火机理提供了可能。随着—CH₃/—CH₂和—OH比例的增加和芳香烃比例的减少,煤粉云的最小点火能降低,表明—CH₃/—CH₂和—OH在煤粉云的着火中起着至关重要的作用。随着煤粉挥发分的增加,煤粉云的最小点火能值逐渐降低。

（4）通过粉尘云着火温度装置研究了外界热量激发条件下煤粉云的着火温度。结果表明,随着煤粉浓度的增加,煤粉云的着火温度呈现出"先增大,后减小"的现象,当煤粉中位径为 $34~\mu m$、煤粉云浓度为 $750~g/m^3$ 时,煤粉云的着火温度最低为 $550~℃$。同时,研究了粒径大小对煤粉云着火温度的影响。结果表明,煤粉中位径在 $34\sim124~\mu m$ 的范围内,煤粉云点火温度随着煤粉粒径的增大而相应升高。

（5）通过哈特曼管装置研究了外界能量激发条件下煤粉云的点火能量。结果表明,煤粉云浓度和点火延时的增加均导致煤粉云点火能量呈现出"先增大,后减小"的现象,当煤粉中位径为 $34~\mu m$,煤粉云浓度为 $500~g/m^3$、点火延时为 $90~ms$ 时,煤粉云点火能量最小,最小值为 $90~mJ$。同时研究了粒径大小对煤粉云点火能量的影响,结果表明,煤粉中位径在 $34\sim124~\mu m$ 的范围内,煤粉云的点火能量随着煤粉粒径的增大而呈现线性增大的趋势。

（6）通过 $20~L$ 球形爆炸装置研究了密闭空间内极限条件下煤粉云爆炸下限、煤粉云爆炸氧气下限。结果表明,化学点火具自身产生的爆炸压力随着其自身质量的增大而增大,在化学点火具质量在 $0.24\sim2.4~g$ 范围内,煤粉云爆炸下限浓度随着化学点火具质量的增大而呈现出上升的趋势;煤粉云爆炸氧气下限随着化学点火具质量的增大而逐渐减小。当化学点火具达到一定的质量后,煤粉云爆炸下限和爆炸氧气下限不再发生变化。

# 本章参考文献

[1] ZHAO P,TAN X,SCHMIDT M,et al. Minimum explosion concentration of coal dusts in air with small amount of $CH_4/H_2/CO$ under 10-kJ ignition energy conditions[J]. Fuel,2020,260:116401.

[2] XIAO Q,MENG X B,ZHANG Y S,et al. Experimental study on the effect of the coupling of ignition energy and pressure on the explosion limit of coal-bed methane[J]. IOP conference series:earth and environmental science,2019,332(4):042022.

[3] JAVIER G T,NIEVES F A,LJILJANA M P,et al. Ignition and explosion

parameters of colombian coals[J]. Journal of loss prevention in the process industries,2016,43:706-713.

［4］ MIROSHNICHENKO D V,SHULGA I V,KAFTAN Y S,et al. Ignition temperature of coal. 2. Binary coal mixtures[J]. Coke and chemistry,2017, 60:219-225.

［5］ LI H T,DENG J,CHEN X K,et al. Influence of ignition delay on explosion severities of the methane-coal particle hybrid mixture at elevated injection pressures[J]. Powder technology,2020,367:860-876.

［6］ MOISEEVA K M,KRAINOV A Y. Numerical simulation of spark ignition of a coal dust-air mixture[J]. Combustion,explosion,and shock waves, 2018,54(2):179-188.

［7］ 池秀文,岳远洋.外部条件对煤粉爆炸特性的影响[J].煤矿安全,2017, 48(5):26-28,32.

［8］ 崔瑞,程五一.点火能量对煤粉爆炸行为的影响[J].煤矿安全,2017,48(4): 16-19.

［9］ 王斌,刘庆明,汪建平,等.静电点火下煤粉爆炸特性研究[J].煤矿安全, 2015,46(4):27-29.

［10］ 刘天奇,郑秋雨,苏长青.不同煤质煤尘云最小点火能实验研究[J].消防科学与技术,2019,38(4):465-468.

［11］ XU S,LIU J F,CAO W,et al. Experimental study on the minimum ignition temperature and combustion kinetics of coal dust/air mixtures[J]. Powder technology,2017,317:154-161.

［12］ TAN B,LIU H L,XU B,et al. Comparative study of the explosion pressure characteristics of micro- and nano-sized coal dust and methane-coal dust mixtures in a pipe[J]. International journal of coal science and technology,2020,7(1):1-11.

［13］ LIU S H,CHENG Y F,MENG X R,et al. Influence of particle size polydispersity on coal dust explosibility[J]. Journal of loss prevention in the process industries,2018,56:444-450.

［14］ JEON S J,JIN B M. Experimental analysis on post-explosion residues for evaluating coal dust explosion severity and flame propagation behaviors [J]. Fuel,2018,215:417-428.

［15］ 张江石,孙龙浩.分散度对煤粉爆炸特性的影响[J].煤炭学报,2019,44 (4):1154-1160.

［16］JIAO F Y,ZHANG H R,CAO W G,et al. Effect of particle size of coal dust on explosion pressure[J]. Journal of measurement science and instrumentation,2019,10(3):223-225.

［17］何琰儒,朱顺兵,李明鑫,等.煤粉粒径对粉尘爆炸影响试验研究与数值模拟[J].中国安全科学学报,2017,27(1):53-58.

［18］田野,王保民,李利国.甲烷浓度和煤粉粒径对混合爆炸火焰传播速度的影响[J].科学技术与工程,2017,17(9):321-324.

［19］王凯,王亮,杜锋,等.煤粉粒径对突出瓦斯-煤粉动力特征的影响[J].煤炭学报,2019,44(5):1369-1377.

［20］GUO C W,SHAO H,JIANG S G,et al. Effect of low-concentration coal dust on gas explosion propagation law[J]. Powder technology,2020,367：243-252.

［21］MITTAL M. Limiting oxygen concentration for coal dusts for explosion hazard analysis and safety[J]. Journal of loss prevention in the process industries,2013,26(6):1106-1112.

［22］TIAN R. Effect of different ignition energies and the existence of methane gas on the minimum explosive concentration of coal dusts[J]. Fuel and energy abstracts,1995,36(5):369.

［23］QIAN J F,LIU Z T,LIU H X,et al. Characterization of the products of explosions of varying concentrations of coal dust[J]. Combustion science and technology,2019,191(7):1236-1255.

［24］浦以康,胡俊,贾复.高炉喷吹用烟煤煤粉爆炸特性的实验研究[J].爆炸与冲击,2000,20(4):303-313.

［25］卫少洁,谭迎新.不同浓度下点火延长时间对煤粉点火能的影响[J].中国粉体技术,2016,22(6):32-34.

［26］余申翰,赵自治,杨淑贤,等.煤尘云爆炸下限浓度测量的研究[J].煤炭学报,1965(3):40-49.

［27］王育德,曲志明.煤尘浓度和粒度对煤尘燃烧爆炸特性影响的实验研究[J].中国矿业,2013,22(8):136-140.

［28］刘天奇,郑秋雨,苏长青.不同煤质煤尘云最小点火能实验研究[J].消防科学与技术,2019,38(4):465-468.

［29］刘天奇.不同煤质煤尘云最低着火温度变化规律研究[J].工矿自动化,2019,45(9):80-85.

［30］WANG Y N,QI Y Q,GAN X Y,et al. Influences of coal dust components on the explosibility of hybrid mixtures of methane and coal dust[J]. Journal of loss prevention in the process industries,2020,67:104222.

[31] American Society for Testing Material. E2021:Standard test method for hot-surface ignition temperature of dust layers [S]. Philadephia, PA: ASTM Committee on Standards,2006.

[32] 赵衡阳. 气体与粉尘爆炸原理[M]. 北京:北京理工大学出版社,1996.

[33] SHINN J H. From coal to single-stage and two-stage products:a reactive model of coal structure[J]. Fuel,1984,63(9):1187-1196.

[34] WISER W H. Reported in division of fuel chemistry[J]. Preprints,1975, 20(1):122-126.

[35] WOLFRUM E A. Correlations between petrographical properties,chemical structure,and technological behavior of rhenish brown coal[J]. The chemistry of low-rank coals,1984,264(2):15-37.

[36] SPIRO C L,KOSKY P G. Space-filling models for coal. 2. Extension to coals of various ranks[J]. Fuel,1982,61(11):1080-1084.

[37] GIVEN P H,MARZEC A,BARTON W A,et al. The concept of a mobile or molecular phase within the macromolecular network of coals:a debate [J]. Fuel,1986,65(2):155-163.

[38] MARZEC A. Towards an understanding of the coal structure:a review [J]. Fuel processing technology,2002,77-78:25-32.

[39] AHMED M A,BLESA M J,JUAN R,et al. Characterisation of an Egyptian coal by mossbauer and FT-IR spectroscopy[J]. Fuel,2003,82(14): 1825-1829.

[40] DALESSIO A,VERGAMINI P,BENEDETTI E. FT-IR investigation of the structural changes of sulcis and South Africa coals under progressive heating in vacuum[J]. Fuel,2000,79(10):1215-1220.

[41] FENG J,LI W Y,XIE K C. Thermal decomposition behaviors of lignite by pyrolysis-FTIR[J]. Energy sources,Part A:recovery,utilization,and environmental effects,2006,28(2):167-175.

[42] 董庆年,陈学艺. 红外发射光谱法原位研究褐煤的低温氧化过程[J]. 燃料化学学报,1997,25(4):333-338.

[43] 许涛,王德明,辛海会,等. 煤自燃过程温升特性及产生机理的实验研究 [J]. 采矿与安全工程学报,2012,29(4):575-580.

[44] 周福宝,李金海. 煤矿火区启封后复燃预测的BP神经网络模型[J]. 采矿与

安全工程学报,2010,27(4):494-498.

[45] ZHANG Y,CAO W G,RAO G N,et al. Experiment-based investigations on the variation laws of functional groups on ignition energy of coal dusts [J]. Combustion science and technology,2018,190(10):1850-1860.

[46] 王德明. 煤氧化动力学理论及应用[M]. 北京:科学出版社,2012.

[47] 翁诗甫. 傅里叶变换红外光谱分析[M]. 北京:化学工业出版社,2010.

[48] 戚绪尧. 煤中活性基团的氧化及自反应过程[D]. 徐州:中国矿业大学,2011.

[49] 许涛. 煤自燃过程分段特性及机理的实验研究[D]. 徐州:中国矿业大学,2012.

[50] WANG D M,DOU G L,ZHONG X X,et al. An experimental approach to selecting chemical inhibitors to retard the spontaneous combustion of coal [J]. Fuel,2014,117(5):218-223.

[51] GE L,XUE H,XU J,et al. Study on the oxidation mechanism of active groups of coal[J]. Coal conversation,2001,24(3):23-28.

[52] WALKER R,MASTALERA M. Functional group and individual maceral chemistry of high volatile bituminous coals from southern Indiana:controls on coking[J]. International journal of coal geology,2004,58(3):181-191.

[53] 辛海会,王德明,戚绪尧,等. 褐煤表面官能团的分布特征及量子化学分析[J]. 北京科技大学学报,2013,35(2):135-139.

[54] XU T,WANG D M,XIN H H,et al. In-situ series diffuse reflection FTIR used in studying the oxidation process of coal[J]. Energy sources,Part A:recovery,utilization,and environmental effects,2014,36(16):1756-1763.

[55] 叶翠平. 煤大分子化合物结构测定及模型构建[D]. 太原:太原理工大学,2008.

[56] 袁银梅,郑明东,李朝祥. 煤结构研究及其在新材料制备中应用[J]. 煤化工,2004,32(1):47-50.

[57] 张双全. 煤化学[M]. 徐州:中国矿业大学出版社,2004.

[58] 葛岭梅,薛韩玲. 对煤分子中活性基团氧化机理的分析[J]. 煤炭转化,2001,24(3):23-28.

[59] 褚廷湘,杨胜强,孙燕,等. 煤的低温氧化实验研究及红外光谱分析[J]. 中国安全科学学报,2008,18(1):171-176.

[60] 杨永良,李增华,尹文宣,等. 易自燃煤漫反射红外光谱特征[J]. 煤炭学报,

2007,32(7):729-733.

[61] QI X Y, WANG D M, JAMES A M, et al. Self-reaction of initial active groups in coal[J]. International journal of mining science and technology, 2012,22(2):169-175.

[62] QI X Y, WANG D M, XIN H H, et al. In situ FTIR study of real time changes of active groups during oxygen-free reaction of coal[J]. Energy and fuels,2013,27(6):3130-3136.

[63] QI X Y, WANG D M, XIN H H, et al. An in situ testing method for analyzing the changes of active groups in coal oxidation at low temperatures [J]. Spectroscopy letters,2014,47(7):495-503.

[64] American Society for Testing Material. E1491:Standard test method for minimum autoignition temperature of dust clouds[S]. Philadephia,PA: ASTM committee on standards,2006.

[65] 高聪,李化,苏丹,等. 密闭空间煤粉的爆炸特性[J]. 爆炸与冲击,2010, 30(2):164-168.

[66] BIDABADI M, HAGHIRI A, RAHBARI A. The effect of Lewis and Damköhler numbers on the flame propagation through micro-organic dust particles[J]. International journal of thermal sciences, 2010, 49 (3): 534-542.

[67] ZHONG S J,MIAO N,YU Q B,et al. Energy measurement of spark discharge using different triggering methods and inductance loads[J]. Journal of electrostatics,2014,73:97-102.

[68] American Society for Testing Material. E2019:Standard test method for minimum ignition energy of a dust cloud in air[S]. Philadephia,PA: ASTM Committee on Standards,2002.

[69] NIFUKU M,KATOH H. A study on the static electrification of powders during pneumatic transportation and the ignition of dust cloud[J]. Powder technology,2003,135:234-242.

[70] 岑可法. 高等燃烧学[M]. 杭州:浙江大学出版社,2002.

[71] GENG W H,NAKAJIMA T,TAKANASHI H,et al. Analysis of carboxyl group in coal and coal aromaticity by Fourier transform infrared (FT-IR) spectrometry[J]. Fuel,2009,88(1):139-144.

[72] NAKORN W, HIROYUKI N, KOUICHI M. Effect of pre-oxidation at low temperature on the carbonization behavior of coal[J]. Fuel,2002,81

(11-12):1477-1484.

[73] ZHANG R,SUN Y H,PENG S Y. In situ FTIR studies of methanol adsorption and dehydrogenation over Cu/SiO₂ catalyst[J]. Fuel,2002,81(11):1619-1624.

[74] MA L Y,WANG D M,WANG Y,et al. Synchronous thermal analyses and kinetic studies on a caged-wrapping and sustained-release type of composite inhibitor retarding the spontaneous combustion of low-rank coal[J]. Fuel processing technology,2017,157:65-75.

[75] CAO W G,CAO W,PENG Y H,et al. Experimental study on the combustion sensitivity parameters and pre-combusted changes in functional groups of lignite coal dust[J]. Powder technology,2015,283:512-518.

[76] SHI T,WANG X F,DENG J,et al. The mechanism at the initial stage of the room temperature oxidation of coal[J]. Combustion and flame,2005,140(4):332-345.

[77] WANG HH,DLUGOGORSKI B Z,KENNEDY E M. Pathways for production of CO₂ and CO in low-temperature oxidation of coal[J]. Energy and fuels,2003,17(1):150-158.

[78] WANG HH,DLUGOGORSKI B Z,KENNEDY E M. Coal oxidation at low temperatures: oxygen consumption, oxidation products, reaction mechanism and kinetic modelling[J]. Progress in energy and combustion science,2003,29(6):487-513.

[79] GIVEN P H. The distribution of hydrogen in coals and its relation to coal structure[J]. Fuel,1960,39(2):147-153.

[80] SOLOMON P R,HAMBLEN D G,CARANGELO R M,et al. General model of coal devolatilization[J]. Energy and fuels,1988,2(4):405-422.

[81] HAENEL M W. Recent progress in coal structure research[J]. Fuel,1992,71(11):1211-1223.

[82] BODZEK D,MARZEC A. Molecular components of coal and coal structure[J]. Fuel,1981,60(1):47-51.

[83] VORRES K S,JANIKOWSK S K. The argonne premium coal sample program[J]. Energy and fuels,1990,4(5):420-427.

[84] BAI Y,LUO K,QIU K Z,et al. Numerical investigation of two-phase flame structures in a simplified coal jet flame[J]. Fuel, 2016, 182: 944-957.

［85］ American Society for Testing Material. E1226：Standard test method for pressure and rate of pressure rise for combustible dusts［S］. Philadephia，PA：ASTM Committee on Standards，2005.

［86］ GB/T 16425—2018：粉尘云爆炸下限浓度测试方法［S］.北京：中国标准出版社，2018.

［87］ 曹卫国，黄丽媛，梁济元，等.点火具爆炸压力的理论计算与实验研究［J］.爆破器材，2013，42（4）：24-27.

［88］ PROUST C，ACCORSI A，DUPONT L. Measuring the violence of dust explosions with the "20 L sphere" and with the standard "ISO 1 m³ vessel"：systematic comparison and analysis of the discrepancies［J］. Journal of loss prevention in the process industries，2007，20（4）：599-606.

［89］ 蒯念生，黄卫星，袁旌杰，等.点火能量对粉尘爆炸行为的影响［J］.爆炸与冲击，2012，32（4）：432-438.

［90］ 秋珊珊，曹卫国，黄丽媛，等.石松子粉粉尘爆炸试验研究［J］.爆破器材，2012，41（3）：16-18.

# 4 密闭空间内煤粉云爆炸强度研究

## 4.1 引　　言

　　最大爆炸压力和爆炸指数是反映粉尘燃爆猛烈程度的特性参数,是研究密闭空间内粉尘爆炸强度必不可少的特征参数。郭晶等[1]、高聪等[2]和 B. Tan 等[3-4]利用 20 L 球形爆炸装置对煤粉在密闭空间中的爆炸特性参数,进行了试验研究,分析了煤粉浓度、煤粉粒径、点火能量及惰性介质对煤粉爆炸猛烈度的影响。结果表明,煤粉粒径减小和点火头能量增大在一定程度上促使反应更充分,从而爆炸强度增加;然而,随着浓度的增大,最大爆炸压力和上升速率先增后减小,惰性介质的添加可有效降低煤粉的爆炸压力。萨拉莫诺维奇(Salamonowicz)等[5]和 W. Xiang 等[6]和 C. Wang 等[7]进一步通过数值模拟手段对煤粉浓度和惰性介质对煤粉爆炸压力特性进行了研究,结果与试验一致。莫格达德里艾季拉什(Ajrash)等[8]、昆都(Kundu)等[9]、S. X. Song 等[10]、Y. Li 等[11]和 Y. Wang 等[12]研究了容器几何形状、点火能量、初始压力和煤尘组分等对密闭容器中煤粉爆炸压力特性的影响。

　　笔者在前期研究中,利用粉尘云最低着火温度试验装置和 20 L 球形密闭爆炸试验装置对煤尘爆炸强度进行了评价,研究了煤粉浓度、煤粉粒径、煤粉挥发分、点火具质量及掺杂抑制剂等对煤粉爆炸强度的影响[13-18]。图 4-1 为 20 L 球爆炸装置中得到的典型的粉尘爆炸压力-时间曲线[19]。

　　由图 4-1 可知,在点火之前,20 L 球形爆炸装置处于负压状态。其中,$p_d$ 为喷粉前容器内的压力,在 $t_d$ 时间段内,容器内的压力始终不变;在 $t_v$ 时间段,高压空气吹扫粉尘进入 20 L 球形容器内并开始点火,此时容器内的压力从 $p_d$ 开始逐渐上升,至喷粉结束时,容器内的压力恰好回"0"(101.325 kPa),此时开始点火,化学点火具在爆炸容器中心被引燃,从而引燃粉尘;$t_2$ 时间段从点火开始至最大爆炸压力上升速率与时间轴的交点这一段;$t_1$ 时间段从点火开始至爆炸压力达到最大值的该区间,这段时间内爆炸容器中的压力急剧上升,并达到最大值 $p_m$。$K_{st}$ 为爆炸指数,定义为粉尘爆炸产生的最大爆炸压力上升速率 $(dp/dt)_m$ 与爆炸容器容积 $V$

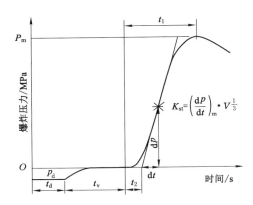

图 4-1　典型的粉尘爆炸压力-时间曲线

的立方根的乘积,即:

$$K_{\text{st}} = \left(\frac{\mathrm{d}p}{\mathrm{d}t}\right)_{\text{m}} \cdot V^{\frac{1}{3}} \tag{4-1}$$

当 $K_{\text{st}} < 20$ MPa・m/s,为 Ⅰ 级;当 20 MPa・m/s ≤ $K_{\text{st}}$ ≤ 30 MPa・m/s 时,为 Ⅱ 级;当 $K_{\text{st}} > 30$ MPa・m/s 时,为 Ⅲ 级[20]。

# 4.2　煤粉-空气混合物爆炸强度研究

## 4.2.1　试验条件

密闭空间内煤粉云爆炸破坏实验是在 20 L 球形爆炸装置中进行,测试方法和粉尘云爆炸下限的测试方法相同。首先,在爆炸容器内形成一定浓度的粉尘云,用化学点火具在容器中心引爆,当粉尘云达到一定的浓度后,粉尘云的爆炸压力达到最大值。用压力传感器和数据采集系统实时记录粉尘爆炸过程的压力-时间曲线,通过分析爆炸压力-时间曲线得到最大爆炸压力 $p_{\text{m}}$ 和爆炸指数 $K_{\text{st}}$,试验从某一可以发生爆炸的浓度开始,改变粉尘浓度可得到相应的测试结果。最终,爆炸压力结果通过式(4-2)至式(4-4)进行确定[21],即:

$$p = \frac{p_1 + p_2 + p_3}{3} \tag{4-2}$$

当爆炸压力 $p < 0.55$ MPa 时,则:

$$p_{\text{m}} = \frac{5.5(p - p_i)}{(5.5 - p_i)} \tag{4-3}$$

当爆炸压力 $p \geqslant 0.55$ MPa 时,则:

$$p_{\mathrm{m}} = 0.775 p^{1.15} \qquad\qquad (4\text{-}4)$$

### 4.2.2 点火延时对煤粉-空气混合物爆炸效应的影响

环境温度为 20～30 ℃,选取中位径为 34 $\mu$m 的煤粉进行试验,煤粉浓度分别为 60 g/m³、125 g/m³、250 g/m³、500 g/m³、750 g/m³、1 000 g/m³、1 250 g/m³ 和 1 500 g/m³,点火延时分别为 15 ms、30 ms、60 ms、90 ms 和 150 ms。研究不同浓度条件下点火延时对煤粉爆炸的影响,化学点火具点火具质量为 2.4 g,结果如图 4-2 和图 4-3 所示。

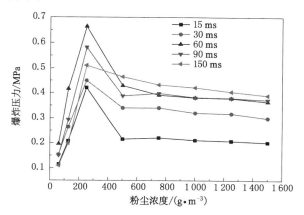

图 4-2 不同点火延时下煤粉浓度和爆炸压力的关系

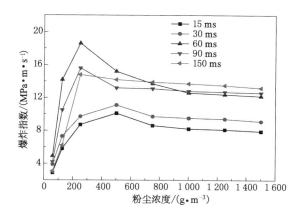

图 4-3 不同点火延时下煤粉浓度和爆炸指数的关系

从图 4-2 中可以发现,随着煤粉云浓度的增加,煤粉的爆炸压力先增大、后减小,当煤粉在点火延时为 60 ms、煤粉浓度为 250 g/m³ 时,达到最大爆炸压力

0.66 MPa。在相同点火延时条件下,爆炸压力随着煤粉浓度的增加,粉尘爆炸的压力先增大、后减小,这是因为当 20 L 球形爆炸装置内煤粉浓度较低时,氧气供应充分[19],而影响爆炸压力的主要因素是煤粉的浓度。从传热角度分析,煤粉云经辐射加热而燃烧,煤粉浓度越高,粒子数目越多,参与化学燃烧的粒子数增多,释放总的热量越大,整个燃烧程度越强,爆炸压力随之增加并达到最大值。进一步增加煤粉浓度,单位体积内的煤粉粒子数增多,导致有限密闭空间内氧气供应不足,煤粉粒子不能完全燃烧。此外,煤粉颗粒对辐射传热有一定的屏蔽作用,煤粉浓度过高导致煤粉放出的部分热量被周围未燃烧的煤粉粒子吸收,最终导致爆炸压力随着浓度的增加而减小,故存在一个最佳煤粉浓度,致使爆炸压力最大。

随着点火延时的增加,煤粉的最大爆炸压力逐渐增加,并且在 60 ms 时爆炸压力达到最大值。尽管点火延时继续增加,但是煤粉的最大爆炸压力反而减小,这是因为随着点火延时的增加,爆炸罐内的粉尘经历了一个"先分散、后沉降"的过程[22]。当点火延时从 0 ms 增加到 60 ms,容器内气体的湍流运动对煤粉起到很好的分散效果,使煤粉分散更加均匀,达到一个良好的爆炸浓度,使得煤粉的最大爆炸压力不断增加。但是,当容器中的煤粉分散到一定程度时,继续增加点火延时,煤粉则进入沉降过程[23-24],参与爆炸的煤粉浓度逐渐降低,最大爆炸压力开始不断下降,故煤粉的最佳点火延时均为 60 ms。

由图 4-3 可知,煤粉云爆炸指数的变化规律和爆炸压力的变化规律相似。对于不同的点火延时条件下,爆炸指数随着煤粉浓度的增加均呈现"先增加、后减小"的变化规律,但煤粉云爆炸压力和爆炸指数的最大值并不总是出现在同一浓度值上。当点火延时在 60～150 ms 范围内,煤粉云爆炸压力和爆炸指数在相同的浓度下达到最大值;当点火延时低于 60 ms、煤粉云爆炸指数在 500 g/m³ 时达到最大,与爆炸压力达到最大时的浓度(250 g/m³)并不一致。

图 4-4 和图 4-5 为煤粉浓度 250 g/m³ 时不同点火延时下的爆炸压力和上升速率与时间的曲线。煤尘浓度 250 g/m³ 时的最大爆炸压力($p_{max}$)和最大压力上升速率($\mathrm{d}p/\mathrm{d}t$)$_{max}$ 均随点火延迟时间的增加呈现先增大后减小的趋势,在 60 ms 时达到最大值。当点火延迟时间为 40 ms、60 ms、90 ms、150 ms 时,$p_{max}$ 和($\mathrm{d}p/\mathrm{d}t$)$_{max}$ 分别为 0.44 MPa、0.66 MPa、0.58 MPa、0.51 MPa 和 17.19 MPa/s、54.05 MPa/s、24.21 MPa/s、20.93 MPa/s。结果表明,点火延时对煤尘爆炸的严重程度有重要影响,主要是煤尘向 20 L 球形容器输送过程中粉尘分散和气动输送引起的湍流引起的。

点火延时对煤尘爆炸的严重程度有着重要影响。粉尘云的悬浮需要湍流,不同的点火延时将导致不同的初始湍流强度,从而导致不同的爆炸压力。类似地,文献[25]中认为,湍流强度首先在阀门打开后的几毫秒内增加,然后湍流在

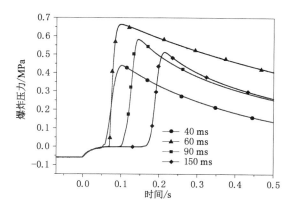

图 4-4　不同点火延时下爆炸压力-时间的曲线

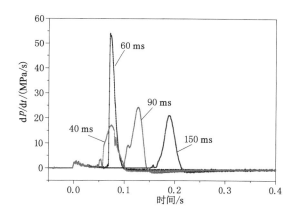

图 4-5　不同点火延时下爆炸压力上升速率-时间曲线

粉尘喷射过程中开始衰减。因此,在试验初始阶段湍流强度通常通过改变点火延时来控制。然而,由于 20 L 球形容器爆炸试验系统的限制,很难通过试验分析获得喷雾过程中的气体流速、粉尘颗粒悬浮、湍流强度等参数。为此,对 20 L 球形容器内煤粉着火前的喷雾过程进行数值模拟,研究了初始阶段湍流强度对煤粉爆炸的影响,为煤粉爆炸的理论研究提供了依据。

　　数值模拟结果如下:

　　图 4-6 为煤尘喷散过程中 20 L 球形容器内不同时刻的气流速度分布。当阀门打开时,粉尘室中的煤尘颗粒通过高压气体被吹到球体中,气流在喷嘴的引导下向球体壁面扩散,从而在壁面周围分布较大的流速(90~160 m/s)。喷嘴附近的气流速度最高,在 20 ms 时达到 300 m/s。随着粉尘喷涂过程的进行,粉尘

室和球体之间的压差逐渐减小,导致喷嘴和球体壁附近的气流速度在 40 ms 时
分别降低到 150 m/s 和 40～80 m/s。当球形容器内的压力为 0 MPa 时,阀门关
闭,球体内气体处于高速湍流状态。随着点火延时的延长,球形容器内气体流速进
一步减小。在点火前煤粉喷雾过程的模拟中,计算了不同时刻球内气流速度的均
方根,如图 4-7 所示。

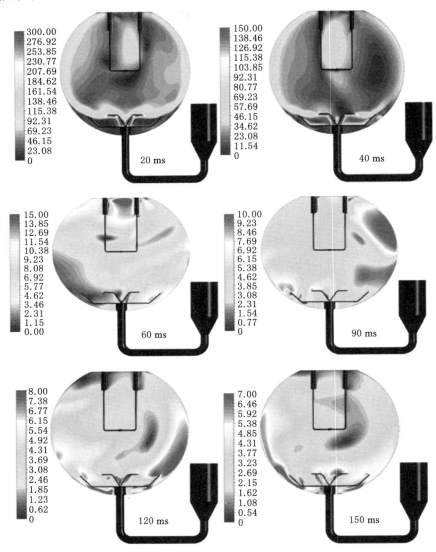

图 4-6　20 L 球形容器内气体流速的空间分布模型(单位:m/s)

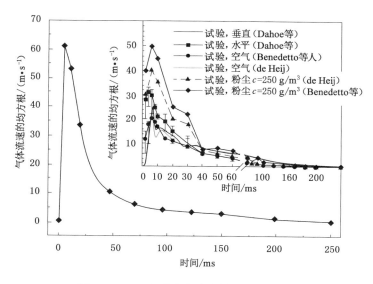

图 4-7　20 L 球形容器内气体流速的均方根

由图 4-7 可以看出,球体内气体流速的均方根在几毫秒(约 5 ms)内从 0 m/s 快速增加到 61 m/s,然后逐渐减小。换言之,有一个短时间的湍流建立,然后是更长时间的湍流衰减。从图 4-4 的压力变化可以看出,当点火延时为 60 ms 时,煤尘爆炸的严重程度最大,此时球体内气体流速的均方根约为 7 m/s,认为该值是煤尘爆炸的最佳湍流速度。如图 4-7 所示,文献[25]中湍流建立时间和气流速度的均方根分别在 10 ms 和 4~8 m/s,与本书的结果吻合得较好。

此外,我们还研究了喷粉过程中煤粉颗粒在球体中的运动及不同时刻的湍流动能分布。

煤尘颗粒在不同时刻在球体中的速度分布如图 4-8 所示。煤粉颗粒在球体内的最大速度为 300 m/s,在 20 ms 时出现在喷嘴附近,这与图 4-6 所示的气流速度分布一致。煤尘颗粒在球体内的分布并不是均匀的,大部分颗粒沿壁面吹到顶部,然后在球体顶部凝聚,需要 20~40 ms。这些颗粒在 60 ms 时分布更均匀,随着点火延时的进一步增加,沉降现象越来越明显,颗粒开始在球体底部聚集。煤尘颗粒的流速一般低于瓦斯的流速。

图 4-9 为喷尘过程中不同时刻球体内湍流动能的分布。在 20 ms 时,球体内的最大湍流能量超过 1 000 m²/s²,出现在喷嘴上方,这是因为高速气流被喷嘴导流板阻挡,导致导流板上方产生强烈的吸力效应。在 40 ms 时,由于湍动能的影响,局部最大湍动能下降到 400 m²/s²,此时气体和颗粒的流速也随之降低。

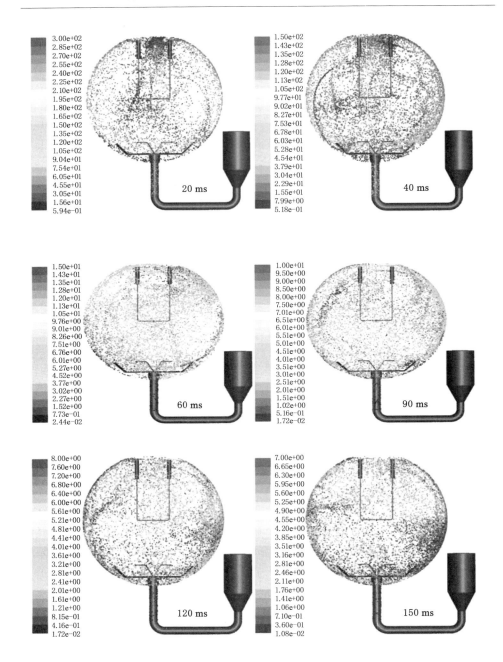

图 4-8　20 L 球体内粒子速度的空间分布模型(单位:m/s)

随着点火延迟时间的增加,湍流动能呈下降趋势,球体内的最大湍流动能逐渐减小到 5 m²/s²。

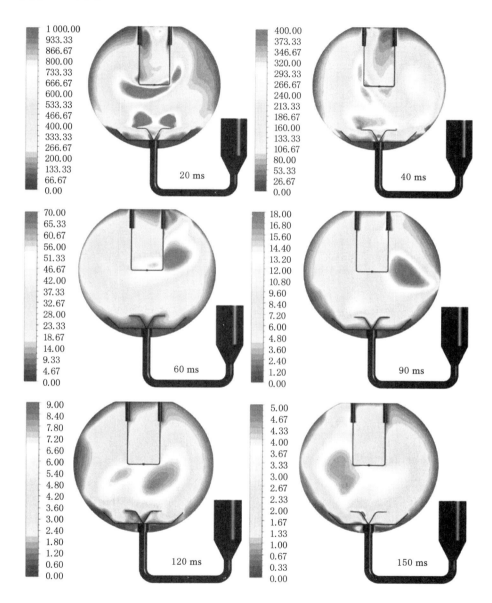

图 4-9　20 L 球体内湍流动能的空间分布模型(单位:m²/s²)

图 4-10 为粉尘喷洒过程内球体中平均湍流动能的演化情况。研究结果表明，平均湍动能急剧上升，在 10 ms 左右达到最大值 520 J/kg，然后持续下降。数值模拟结果表明，在最佳点火延时为 60 ms 时，球体内的平均湍流动能约为 40 J/kg，这意味着需要适当的湍流动能选择点火以达到最大爆炸压力。

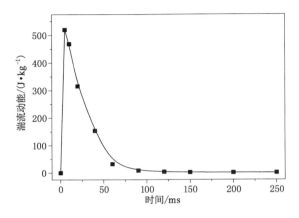

图 4-10　20 L 球体内湍流动能的演化

## 4.2.3　化学点火具质量对煤粉-空气混合物爆炸的影响

环境温度为 20～30 ℃，选取中位径为 34 μm 的煤粉进行试验。煤粉浓度分别为 60 g/m³、125 g/m³、250 g/m³、500 g/m³、750 g/m³、1 000 g/m³、1 250 g/m³ 和 1 500 g/m³，在点火延时为 60 ms 的条件下，研究质量为 0.24 g、1.20 g 和 2.40 g 的化学点火具对煤粉爆炸压力和爆炸指数的影响，如图 4-11 和图 4-12 所示。图 4-13 为不同点火条件下的煤粉爆炸压力-时间曲线。

由图 4-11 和图 4-12 可以看出，对于同一质量的化学点火具不同，当煤粉的最佳爆炸浓度为 250 g/m³ 时，爆炸压力和爆炸指数均达到最大值；在相同煤粉浓度下，随着点火具质量的增加，煤粉的爆炸压力和爆炸指数均不断增加，说明增大点火能量，使煤粉爆炸更充分，从而释放出更多的能量。当化学点火具质量为 2.40 g 时，爆炸压力和爆炸指数达到最大值。

在 20 L 球形爆炸装置中，随着化学点火具质量的增大，化学点火具释放的能量也相应增大。一方面，点火能量的增加使得有效点火体积增大；另一方面，点火能量的增加有效地提高了体系的反应温度，缩短了煤粉颗粒着火弛豫时间，加速了煤粉颗粒表面挥发分的析出。此外，高点火能量诱发的湍流能提高整个体系内煤粉的燃烧速率[26]。因此，化学点火具质量增加，致使煤粉粒子初始燃烧速率提高，也造成单位体积内的活化煤粉数目增多；煤粉反应速率

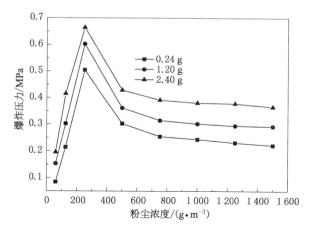

图 4-11　不同点火质量下煤粉浓度-爆炸压力曲线

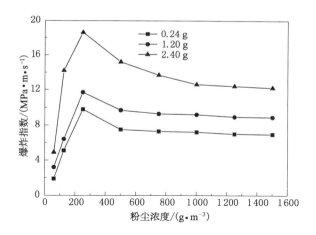

图 4-12　不同点火质量下煤粉浓度-爆炸指数曲线

加快,导致反应热释放速率加快,使体系的爆炸压力上升速率增大,爆炸指数增加;更多的煤粉粒子参与燃烧反应,反应热量增多,使体系内爆炸压力增加。反应速率加快导致通过罐壁以热传导和热辐射方式损失的热量降低[27-28],在固定容积的密闭容器内,爆炸强度就会随着化学点火具质量的增加而增加,如图 4-13 所示。

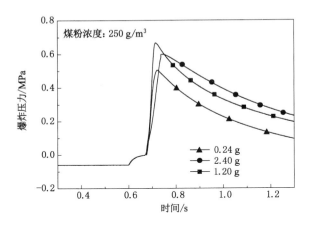

图 4-13    不同点火条件下的煤粉最大爆炸压力-时间曲线

## 4.3    煤粉-甲烷-空气混合物爆炸强度研究

在环境温度为 $20\sim30$ ℃、煤粉浓度为 $100\sim800$ g/m³、点火延时为 60 ms 的条件下,选取中位径为 34 $\mu$m 的煤粉作为研究对象,研究不同质量的化学点火具对煤粉在 9％甲烷-空气混合物中爆炸强度的影响。试验通过改变点火质量研究了煤粉在不同浓度下的爆炸压力,如图 4-14 所示。

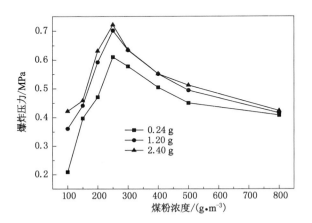

图 4-14    煤粉-甲烷-空气混合物的爆炸压力-煤粉浓度曲线

在煤粉浓度相同的条件下,爆炸压力随着点火能量的增加而增加。当点火质量为 2.40 g、煤粉浓度为 250 g/m³ 时,达到最大爆炸压力 0.72 MPa;继续增加煤粉的浓度爆炸压力,则呈现下降趋势。与煤粉-空气混合物对比,同一点火能量下,添加甲烷后的最大爆炸压力升高约 10%,爆炸指数升高约 30%(图 4-15 和图 4-16)。由于气体爆炸所需的引燃能量要低于煤粉[29],因此在同一反应体系内,甲烷优先与氧气发生反应,产生的热量引燃周围的煤粉,使爆炸压力在较短的时间内上升到最大值。在煤粉浓度和点火能量相同的条件下,煤粉在 9% 甲烷-空气混合物中爆炸强度相对较大,说明甲烷对煤粉颗粒群的着火有促进作用。

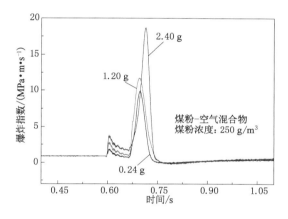

图 4-15　煤粉-空气混合物的爆炸指数-时间曲线

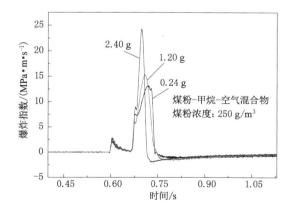

图 4-16　煤粉-甲烷-空气混合物的爆炸指数-时间曲线

# 4.4 掺杂抑爆剂对煤粉-甲烷-空气混合物爆炸强度的影响

## 4.4.1 掺杂抑爆剂简介

抑爆剂是一种抑制煤粉燃烧爆炸的化学物质,主要是通过喷洒于采空区或掺杂到煤粉之内以抑制或减弱煤粉的燃烧爆炸强度。本节选用在煤粉中掺杂抑爆剂的方式来进行煤粉的抑爆试验。抑爆剂能够在粉尘爆炸发生的过程中,有效吸收粉尘爆炸产生的热量,使爆炸区域内的温度降低,阻碍火焰的传播和蔓延,起到抑制粉尘爆炸和降低粉尘爆炸强度的作用。因此,粉尘的抑爆研究对于有效预防和控制工业粉尘爆炸事故具有重要的意义。对工业粉尘而言,无机盐粉体具有较好的抑爆效果。本试验主要从煤粉-9%甲烷-空气混合物的爆炸压力着手,选取国内外常用的两种抑爆剂 $SiO_2$ 和 $NH_4H_2PO_4$ 来研究其对煤粉的抑爆效果。掺杂抑爆剂后,煤粉的爆炸压力的下降幅度用 $\Delta\omega$ 来表示,即:

$$\Delta\omega = \frac{(p_m)_0 - (p_m)_1}{(p_m)_0} \times 100\% \tag{4-5}$$

式中,$\Delta\omega$ 表示掺杂抑爆剂后爆炸体系的爆炸压力的变化率;$(p_m)_0$ 表示无抑爆剂存在条件下爆炸体系的爆炸压力;$(p_m)_1$ 表示有掺杂抑爆剂后爆炸体系的爆炸压力。

在试验过程中,环境温度为 $20\sim30$ ℃,选取中位径为 $34~\mu m$ 的煤粉,利用 20 L 球爆炸装置进行相应的抑爆试验,分别研究了 $SiO_2$ 和 $NH_4H_2PO_4$ 对煤粉-9%甲烷-空气混合物的抑爆效果。其中,$SiO_2$ 和 $NH_4H_2PO_4$ 均过 200 目筛,化学点火具质量为 2.40 g,煤粉与加入其中的惰性介质质量之比分别为 $1:0.3$、$1:0.5$ 和 $1:0.75$,如图 4-17 和图 4-18 所示。

由图 4-17 和图 4-18 可知,在抑爆剂存在的条件下,煤粉-9%甲烷-空气混合物的爆炸压力下降明显,爆炸的强度随着煤粉浓度的不断增加经历了一个"先上升、后下降"的趋势,这与无掺杂抑爆剂的状态下煤粉爆炸的变化规律相类似。当加入 $SiO_2$ 时,煤粉与 $SiO_2$ 质量之比为 $1:0.75$,抑爆效果最好,浓度为 250 g/m³ 时,煤粉爆炸压力达到最大值 0.34 MPa,与未掺杂抑爆剂(图 4-14)相比,爆炸压力下降了约 55%;当加入 $NH_4H_2PO_4$ 时,煤粉与 $NH_4H_2PO_4$ 质量之比为 $1:0.5$ 时,抑爆效果最好,在浓度为 250 g/m³ 时,爆炸压力达到最大值 0.25 MPa,与未掺杂抑爆剂相比,爆炸压力下降了约 65%。当煤粉浓度为 800 g/m³,加入以上 3 种配比的 $NH_4H_2PO_4$,达到完全抑爆的效果。

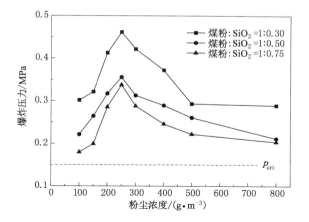

图 4-17　不同浓度 $SiO_2$ 抑制效果图

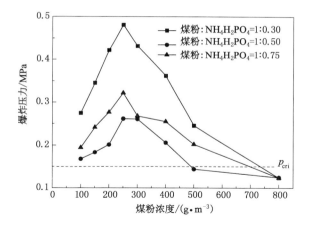

图 4-18　不同浓度 $NH_4H_2PO_4$ 的抑爆效果图

　　在相同的添加条件下，$NH_4H_2PO_4$ 的爆炸压力和爆炸指数均比 $SiO_2$ 的爆炸压力和爆炸指数小，则添加 $NH_4H_2PO_4$ 后煤粉的爆炸压力和爆炸指数下降幅度均比 $SiO_2$ 的大。对比两种抑爆剂可知，$NH_4H_2PO_4$ 的抑爆效果比 $SiO_2$ 的抑爆效果更好。

## 4.4.2　抑爆剂的抑爆机理

　　在煤粉抑爆的过程中，$SiO_2$ 并不参与化学反应，它主要是通过吸收煤粉爆炸释放的热量[30]，使温度降低，延缓化学反应速率，由于部分反应热被 $SiO_2$ 夺走，导致火焰温度下降，使火焰蔓延的能力降低；另外，$SiO_2$ 增加了氧气在煤粉化学反应过程中传递阻力[31]，使煤粉化学反应过程中产生的部分自由基与 $SiO_2$ 颗粒表面碰撞而被消耗，降低了参与爆炸链式反应的自由基，也中断了部分链式反应，导致部分煤粉不能有效地参与化学反应，这些因素都会使煤粉的爆炸压力降低，进而达到抑爆效果。由此可见，$SiO_2$ 的抑爆主要是物理抑爆。

$NH_4H_2PO_4$ 具有更好的抑爆效果，这是因为 $NH_4H_2PO_4$ 抑爆机制是物理-化学混合抑爆相结合[32]。在高温环境下，$NH_4H_2PO_4$ 粉体会大量吸收周围的热量，发生式(4-6)至式(4-9)的反应：

$$NH_4H_2PO_4 \longrightarrow NH_3 \uparrow + H_3PO_4 \tag{4-6}$$

$$3H_3PO_4 \longrightarrow H_4P_2O_7 + HPO_3 + 2H_2O \uparrow \tag{4-7}$$

$$H_4P_2O_7 \longrightarrow P_2O_5 + 2H_2O \uparrow \tag{4-8}$$

$$2HPO_3 \longrightarrow P_2O_5 + H_2O \uparrow \tag{4-9}$$

$NH_4H_2PO_4$ 物理抑爆机制主要有以下几个方面：

（1）上述每步反应都会吸收煤粉化学反应放出的部分热量，并产生水蒸气，起到冷却降温作用，使爆炸区域温度降低，从而减缓了爆炸反应速率，降低燃烧爆炸反应的猛烈程度，即是 $NH_4H_2PO_4$ 的分解冷却作用。

（2）分解生成的 $P_2O_5$ 惰性氧化物，热稳定性较好，覆盖在煤粉颗粒表面，起到热屏障的作用，通过阻隔热量的传递和降低与空气的接触来有效阻止爆炸的发展以及火焰的传播，即 $NH_4H_2PO_4$ 的分解阻隔传导作用。

（3）$NH_4H_2PO_4$ 分解产物能够稀释氧气浓度，能够减缓可燃物质的燃烧速率，即 $NH_4H_2PO_4$ 的分解稀释作用。$NH_4H_2PO_4$ 的吸热分解是物理抑爆的主要形式。

此外，$NH_4H_2PO_4$ 具有良好的化学抑制作用。$NH_4H_2PO_4$ 通过吸热分解产生 N、P 等活性原子，与煤粉爆炸产生的 O 和 H 自由基或其他活性基团作用而终止链反应，使参与化学反应的自由基数量急剧减少从而中断反应链，起到抑制爆炸的作用，如式(4-10)和式(4-11)所列：

$$N + 3\overset{\cdot}{H} \longrightarrow NH_3 \tag{4-10}$$

$$2P + 5\overset{\cdot}{O} \longrightarrow P_2O_5 \tag{4-11}$$

通过以上分析可知，添加 $NH_4H_2PO_4$ 后对煤粉爆炸的抑制效果要优于 $SiO_2$，和试验结果一致。

# 4.5　本章小结

本章研究了密闭空间内不同条件下煤粉爆炸强度，对煤粉-空气混合物的爆炸压力和爆炸指数进行了探讨，并与煤粉-9%甲烷-空气混合物进行了对比研

究;同时,研究了掺杂不同性质的抑爆剂对煤粉-9%甲烷-空气混合物的抑爆效果。主要得出以下研究结论:

(1)当点火延时为 60 ms 时,煤粉云爆炸压力和爆炸指数均达到最大值。在不同的点火延时条件下,煤粉云爆炸压力和爆炸指数随着煤粉浓度的增加均出现先增加后降低的变化规律,但煤粉云爆炸压力和爆炸指数的最佳爆炸浓度并不完全一致。不同的点火延时导致不同的初始湍流强度,从而导致不同的爆炸压力。为获得喷雾过程中的气体流速、粉尘颗粒悬浮、湍流强度等参数,对 20 L 球形容器内煤粉着火前的喷雾过程进行了数值模拟,研究了初始湍流强度对煤粉爆炸的影响,分析了喷粉过程中煤粉颗粒在球体中的运动及不同时刻的湍流动能分布。

(2)点火质量对煤粉的爆炸强度影响较大,爆炸压力随着化学点火具质量的增加而不断上升。添加甲烷后煤粉爆炸压力和爆炸指数比煤粉单独在空气中有所上升,在点火质量为 2.40 g 时达到最大,分别上升了 10% 和 30%,爆炸危险程度进一步增大。

(3)$SiO_2$ 和 $NH_4H_2PO_4$ 对煤粉爆炸均有抑爆作用。相对 $SiO_2$ 的物理抑爆而言,$NH_4H_2PO_4$ 的物理-化学混合抑爆效果要更好,不同浓度的抑爆剂对煤粉爆炸的抑制效果不同,实际工业应用中应选择较合适的配比来达到最佳抑爆效果。

# 本章参考文献

[1] 郭晶,王庆. 密闭空间煤粉爆炸特性的实验研究[J]. 爆破,2017,34(3):31-36.

[2] 高聪,李化,苏丹,等. 密闭空间煤粉的爆炸特性[J]. 爆炸与冲击,2010,30(2):164-168.

[3] TAN B,LIU H L,XU B,et al. Comparative study of the explosion pressure characteristics of micro- and nano-sized coal dust and methane-coal dust mixtures in a pipe[J]. International journal of coal science and technology,2020,7(1):1-11.

[4] TAN B,SHAO Z,XU B,et al. Analysis of explosion pressure and residual gas characteristics of micro-nano coal dust in confined space[J]. Journal of loss prevention in the process industries,2020,64:104056.

[5] SALAMONOWICZ Z,KOTOWSKI M,POKA W. Numerical simulation of dust explosion in the spherical 20 L vessel[J]. Bulletin of the polish acade-

my of sciences:technical sciences,2015,63(1):289-293.

[6] XIANG W,HUANG X,ZHANG X,et al. Numerical simulation of coal dust explosion suppression by inert particles in spherical confined storage space[J]. Fuel,2019,253:1342-1350.

[7] WANG C,DONG X Z,DING J X,et al. Numerical investigation on the spraying and explosibility characteristics of coal dust[J]. International journal of mining,reclamation and environment,2014,28(5):287-296.

[8] AJRASH M J,ZANGANEH J,MOGHTADERI B. Methane-coal dust hybrid fuel explosion properties in a large scale cylindrical explosion chamber [J]. Journal of loss prevention in the process industries,2016,40:317-328.

[9] KUNDU S K,ZANGANEH J,ESCHEBACH D,et al. Explosion severity of methane-coal dust hybrid mixtures in a ducted spherical vessel[J]. Powder technology,2018,323:95-102.

[10] SONG S X,CHENG Y F,MENG H D,et al. Hybrid $CH_4$/coal dust explosions in a 20L spherical vessel[J]. Process safety and environmental protection,2019,122:281-287.

[11] LI Y,XU H L,Wang X S. Experimental study on the influence of initial pressure on explosion of methane-coal dust mixtures[J]. Procedia engineering,2013,62:980-984.

[12] WANG Y,QI Y,GAN X,et al. Influences of coal dust components on the explosibility of hybrid mixtures of methane and coal dust[J]. Journal of loss prevention in the process industries,2020,67:104222.

[13] CAO W G,QIN Q F,CAO W,et al. Experimental and numerical studies on the explosion severities of coal dust/air mixtures in a 20-L spherical vessel[J]. Powder technology,2017,310:17-23.

[14] JIAO F Y,ZHANG H R,CAO W G,et al. Effect of particle size of coal dust on explosion pressure[J]. Journal of measurement science and instrumentation,2019,10(3):223-225.

[15] TAN Y X,CAO W G,ZHANG Y,et al. Suppression effect of solid inertants on coal dust explosion[J]. Journal of measurement science and instrumentation,2018,9(4):335-338.

[16] CAO W G,HUANG L Y,ZHANG J X,et al. Research on characteristic parameters of coal-dust explosion[J]. Procedia engineering,2012,45(2):442-447.

[17] 曹卫国,黄丽媛,梁济元,等.球形密闭容器中煤粉爆炸特性参数研究[J].中国矿业大学学报,2014,43(1):113-119.

[18] 黄寅生,戴晓静,曹卫国.磷酸二氢盐与 $SiO_2$ 粉体抑制煤尘爆炸的试验研究[J].中国安全科学学报,2013,23(3):57-61.

[19] PROUST C,ACCORSI A,DUPONT L. Measuring the violence of dust explosions with the "20 L sphere" and with the standard "ISO 1m³ vessel":systematic comparison and analysis of the discrepancies[J]. Journal of loss prevention in the process industries,2007,20(4):599-606.

[20] American Society for Testing Material. E1226:Standard test method for pressure and rate of pressure rise for combustible dusts[S]. Philadephia, PA:ASTM Committee on Standards,2005.

[21] European Standard EN14034-1. Determination of explosion characteristics of dust clouds-part 1:Determination of the maximum explosion pressure $P_{max}$ of dust clouds[S]. Brussels:European Committee for Standardization,2004.

[22] 袁旌杰,伍毅,陈瑜,等.点火延迟时间对粉尘最大爆炸压力测定影响的研究[J].中国安全科学学报,2010,20(3):65-69.

[23] 胡俊,浦以康,万士昕.粉尘等容燃烧容器内扬尘系统诱导湍流特性的实验研究[J].实验力学,2000,15(3):341-348.

[24] WANG S Y,SHI Z C,PENG X,et al. Effect of the ignition delay time on explosion severity parameters of coal dust/air mixtures[J]. Powder technology,2019,342:509-516.

[25] BENEDETTO A D,RUSSO P,SANCHIRICO R,et al. CFD simulations of turbulent fluid flow and dust dispersion in the 20 liter explosion vessel [J]. Aiche journal,2013,59(7):2485-2496.

[26] 蒯念生,黄卫星,袁旌杰,等.点火能量对粉尘爆炸行为的影响[J].爆炸与冲击,2012,32(4):432-438.

[27] 仇锐来,张延松,张兰,等.点火能量对瓦斯爆炸传播压力的影响实验研究[J].煤矿安全,2011,42(7):8-11.

[28] 李润之,司荣军.点火能量对瓦斯爆炸压力影响的实验研究[J].矿业安全与环保,2010,37(2):14-16.

[29] 王文才,王瑞智,张朋,等.巷道中煤层阴燃状态的氧气体积分数梯度判别法[J].采矿与安全工程学报,2011,28(1):153-157.

[30] DASTIDAR A,AMYOTTE P. Using calculated adiabatic flame tempera-

tures to determine dust explosion inerting requirements[J]. Process safety and environmental protection,2004,82(2):142-155.

[31] 张增志,谷娜,张际飞. 瓦斯抑爆材料研究进展及瓦斯吸收剂初步研究[J]. 煤矿安全,2008,39(8):4-8.

[32] LUO Z,WANG T,TIAN Z,et al. Experimental study on the suppression of gas explosion using the gas-solid suppressant of $CO_2$/ABC powder[J]. Journal of loss prevention in the process industries,2014,30:17-23.

# 5  煤粉云燃烧特征研究

## 5.1  引　　言

　　煤粉爆炸过程中燃烧特征对实时分析煤粉燃烧的动态过程具有非常重要的作用,煤粉云燃烧特征包括煤粉云的火焰传播过程和火焰温度变化特征。李雨成等[1]采用水平玻璃管煤尘爆炸试验装置,分别对褐煤、长焰煤、不黏煤、气煤等4种沉积煤尘爆炸的最大火焰传播距离和火焰持续时间等火焰特性展开试验分析,并且研究了沉积煤粉质量、粒径以及添加 $CaCO_3$ 岩粉量对爆炸火焰特性的影响。刘静等[2]探究了不同甲烷体积分数下中位粒径分别为 65 μm 和 25 μm 烟煤粉的火焰传播特性,分析了甲烷体积分数对甲烷-煤粉复合火焰结构、温度和速度的影响。结果表明,25 μm 煤粉比 65 μm 煤粉的火焰更加明亮,甲烷体积分数的增加对 65 μm 煤粉火焰有更强的促进作用;当甲烷体积分数越接近当量比时,火焰锋面越规则,火焰速度也越快;随着甲烷体积分数的增加,火焰温度和火焰传播速度均呈现先增大后减小的趋势。裴蓓等[3]在全透明有机玻璃管道中,利用同步控制系统、高速摄像系统和高速粒子成像测速系统(PIV),从爆炸超压、火焰传播速度、火焰温度和复合火焰演化规律等方面研究了不同瓦斯爆炸强度条件下诱导沉积煤尘爆炸特性和复合火焰传播特性,并分析了煤尘卷扬湍流特征。D. Ma 等[4]通过 20 L 球形容器反应器和高速摄像头对甲烷-空气/煤尘混合物的爆炸参数和火焰传播行为进行了监测和分析,揭示了低温氧化温度对甲烷-空气-低温氧化煤尘混合物的爆炸特性的影响。甲烷-空气-煤粉混合物的火焰传播行为表明,低温氧化后的煤粉在气相燃烧反应阶段表现出较低的火焰传播速度,这主要是由于挥发物的损失。笔者前期研究中[5-8],通过试验和数值模拟研究了半封闭垂直燃烧管煤尘爆炸过程中管道长度和煤尘组分对火焰的传播行为和热辐射效应的影响规律,并且使用高速摄像机和红外热成像设备记录了火焰传播和火球的热辐射过程。

　　本章结合高速摄影装置和红外热成像装置,建立了粉尘云火焰传播测试系统,用来实时记录火焰传播的整个动态燃烧过程,以此分析煤粉爆炸过程中火焰的传播过程和火焰温度变化情况;同时,通过数值模拟研究与试验研究相结合的分析手段,对煤粉爆炸过程中的火焰传播特征进行相应的分析,以期形成对火焰传播特征更进一步的认识。

# 5.2  粉尘云火焰传播测试系统的建立

如前文所述,粉尘爆炸测试装置一般用于测量各种粉尘的爆炸参数,如粉尘云点火能量、粉尘云着火温度、粉尘云爆炸下限、粉尘云爆炸上限等。由于受观察窗口的限制,这些粉尘爆炸装置并不适用于对火焰传播特征实时记录的研究上。因此,本章在实验室原有的哈特曼管装置的基础上,建立了一套适用于研究粉尘云火焰传播的测试系统。

## 5.2.1  试验系统

粉尘云火焰传播试验装置如图 5-1 所示,主要由竖直燃烧管、高压喷粉系统、点火系统、高速摄影装置、红外热成像装置、控制系统等组成。试验时,煤粉放于燃烧管底部,通过高压喷粉系统将煤粉喷起,在燃烧管内形成煤粉云。高速摄影装置和红外热成像装置分别位于距离燃烧管 5 m 远处。

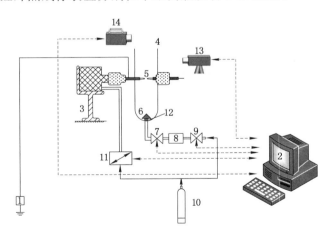

1—能量存储器;2—控制系统;3—气动活塞;4—竖直燃烧管;5—电极;
6—粉尘分散系统;7—阀门;8—储气室;9—阀门;10—高压空气;
11—活塞驱动阀;12—盛粉室;13—高速摄影仪;14—红外热成像仪。

图 5-1  粉尘云火焰传播测试装置示意图

## 5.2.2 燃烧管和粉尘分散系统

本试验是进行的小尺度测试,试验系统主体部分为竖直燃烧管和粉尘分散系统,如图5-2所示。为了方便对试验过程的记录,燃烧管选择上端开口而下端封闭的圆柱形石英玻璃管,内径为 68 mm,壁厚为 2 mm,燃烧管长度可调,点火位置距燃烧管底部 100 mm,点火电极间距为 6 mm,点火电源为8 000 V。粉尘分散系统包括:1 个气源、2 个电磁阀、1 个储气室、蘑菇状粉尘分散系统和相应的管道。其中,储气室容积为 50 cm³,喷粉压力为 0.7 MPa。压缩空气通过蘑菇状分散器下面的小孔喷出,使粉尘在燃烧管中形成粉尘云,并通过能量存储器的电火花点燃。

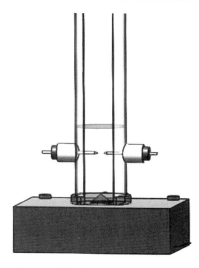

图 5-2 燃烧管和粉尘分散系统

## 5.2.3 高速摄影和红外热成像装置

试验装置中采用 MotionPro X4™型高速摄影系统和 Micronscan7200 型红外热成像系统,分别如图5-3 和图 5-4 所示。MotionPro X4™型高速摄影仪采用了高感光度的互补金属氧化物半导体传感器进行拍摄,拍摄速度可达到10 000 帧/s,曝光时间为 100 ns,像素为512×512。

图 5-3 MotionPro X4™型高速摄影装置

Micronscan7200 型红外热成像系统用 320×240 微热辐射计 UFPA 探测器接收探测目标所释放出来的热辐射能量。Micronscan7200 拥有图像处理和数据分析功能。

红外热成像测温原理是通过红外传感器接收位于一定距离处的被测目标所辐射出的能量,经由信号传输、转换、放大及处理等过程转变成肉眼可见的视频

图 5-4　Micronscan7200 红外热成像装置

热图像，并在外部界面上以灰度级或伪彩色显示出来，从而获得目标温度场的分布情况[9]。具体工作原理如图 5-5 所示。

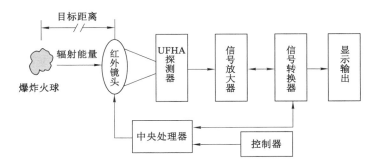

图 5-5　红外热成像仪工作原理

## 5.2.4　高压点火系统

在粉尘爆炸试验中，常采用的点火方式一般分为化学点火和静电火花点火两种，其中化学点火主要运用在 20 L 球形爆炸装置或者 1 m³ 爆炸装置中。本试验的点火装置是参照哈特曼管装置的点火系统，采用的是高压脉冲点火器，点火能量直接存储在能量存储器中，具有可持续点火、点火能量可调并可以直接显示的特点。具体性能参数见表 5-1。

表 5-1　高压脉冲点火性能参数

| 项目 | 参数及说明 |
| --- | --- |
| 能量范围 | 0.2 mJ～10 J |
| 环境湿度 | <70% |

表 5-1(续)

| 项目 | 参数及说明 |
|---|---|
| 额定电压 | 220 V 交流、50 Hz |
| 额定电流 | 5 A |
| 高压继电器 | 设计耐压 20 kV,工作电压不超过 15 kV |
| 实际工作电压 | 8 000 V |
| 数据采集卡 | 精度 12 Bit,采样频率 100 kHz |
| 输出方式 | 两电极 |
| 输出精度 | 99% |

　　由于粉尘云火焰传播测试装置的连接过程比较烦琐,还运用了很多其他的实验辅助设施和器材,如高压气瓶、同步测试仪器、空压机、油压泵、吸尘器等,在此不再一一列出。

　　本试验选取中位径为 34 μm 的煤粉进行研究,每次试验前先用电子天平称量一定质量的煤粉,然后通过压缩空气将煤粉分散在燃烧管内形成煤粉云,当煤粉云前沿上升高度达到 200 mm 时,用电火花将其点燃,这样既可以保证每次试验时煤粉的平均浓度,又可以降低初始喷粉湍流的不稳定性对火焰传播的影响。点燃后,用高速摄影装置和红外热成像装置分别对火焰的燃烧过程和火焰温度进行实时记录,试验中高速摄影装置和红外热成像装置通过控制系统和电极点火同步进行。

# 5.3　煤粉云火焰燃烧过程的试验研究

　　图 5-6 为高速摄影装置拍摄的煤粉在竖直燃烧管内火焰的传播过程。每幅图片之间的时间间隔为 10 ms,0 ms 为电火花的点火时刻。此时,能量存储器对外放电,形成明亮的球形火花,不同的放电能量产生的电火花持续时间不同(图 5-9)。煤粉云点燃后,初始阶段火焰传播速度缓慢,随着点火时间的延续,火焰传播速度逐渐加快。当火焰到达竖直燃烧管的管口处,火焰开始向周围自由膨胀,并形成蘑菇云状火球,煤粉云的浓度随着燃烧的进行而逐渐降低,火焰速度逐渐减小并熄灭。

## 5.3.1　浓度对火焰前锋阵面和火焰传播速度的影响

　　当点火能量为 5 J、燃烧管管长为 600 mm 时,不同浓度条件下煤粉云火焰前锋阵面和火焰传播速度的关系曲线如图 5-7 和图 5-8 所示。火焰首先以较低

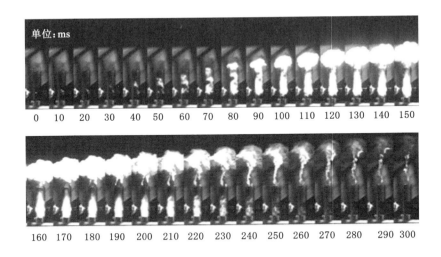

图 5-6 煤粉云燃烧过程的高速摄影照片

的速度传播一段时间,随后快速增加到最大值,最后逐渐减小。在煤粉云的浓度为 250 g/m³、500 g/m³ 和 750 g/m³ 的条件下,煤粉云火焰前锋阵面高度在 140 ms 内分别达到 384 mm、743 mm 和 557 mm;煤粉云在点火后 115 ms、115 ms 和120 ms 时火焰速度达到最大值,分别为 5.4 m/s、12.6 m/s 和 7.8 m/s。

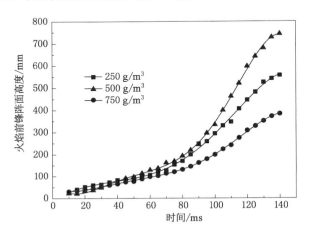

图 5-7 煤粉云浓度-火焰前锋阵面高度曲线

当煤粉云浓度为 500 g/m³ 时,火焰前锋阵面上升最快。在较低浓度时,随

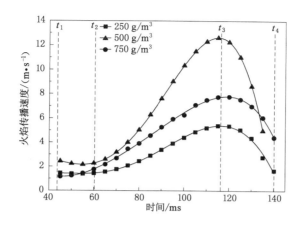

图 5-8　煤粉云浓度-火焰传播速度曲线

着煤粉云浓度的增加,单位体积内燃烧放热量增加,煤粉云火焰前锋阵面上升加快,因此火焰传播速度增大;在较高浓度时,随着煤粉云的增加,煤粉云浓度超过了煤粉燃烧的化学当量比,故在火焰燃烧过程中有未燃的煤粉颗粒存在,在一定程度上会作为热容吸收燃烧放热,使得煤粉云火焰前锋阵面和火焰传播速度下降[10]。

由图 5-8 可知,在煤粉开始燃烧至 60 ms 时,不同浓度下的煤粉云燃烧速度上升缓慢,在这段时间内火焰传播速度维持在 3 m/s 以下;从 60 ms 至 120 ms,火焰传播速度开始迅速增加,直到达到最大传播速度;在 120 ms 之后火焰开始减速传播。根据以上火焰传播速度变化情况,可以将煤粉云燃烧过程分为 3 阶段:$t_1$—$t_2$ 阶段为火焰传播的自由膨胀阶段,在这个阶段内,管道约束效应对火焰传播的加速过程基本被燃烧管和周围环境的冷却效应以及煤粉自身吸热、裂解等物理化学过程相抵消,对煤粉云火焰传播的加速效果没有体现出来;$t_2$—$t_3$ 阶段为火焰加速传播阶段,这个阶段由于管壁对燃烧产物的限制,火焰只能沿着燃烧管向上方传播,燃烧产物的膨胀导致火焰传播加快,使得火焰前方气体流动速度加快,导致火焰快速向前发展,而火焰传播速度的加快反过来导致单位时间内燃烧放热量的增加,进一步加速了管道中气体膨胀的程度,最终使火焰传播速度达到最大值;$t_3$—$t_4$ 阶段为火焰减速传播阶段,在这个阶段,由于燃料不足,煤粉云燃烧释放出的热量小于火焰传播对外释放的能量,导致火焰速度逐渐减小并熄灭。

## 5.3.2 点火能量对火焰前锋阵面和火焰速度的影响

图 5-9 为电火花的高速摄影图,其点火能量分别为 1 J、2 J 和 5 J,相应的点火持续时间分别为 1.3 ms、2.0 ms 和 3.3 ms。随着点火能量的增强,电火花点火区域和点火持续时长也相应增加。

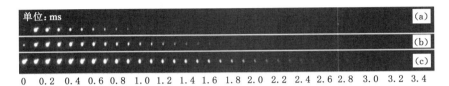

图 5-9　不同能量电火花高速摄影照片

不同的点火能量下,当燃烧管管长为 600 mm、浓度为 500 g/m³ 时,煤粉云火焰前锋阵面和火焰传播速度的关系曲线如图 5-10 和图 5-11 所示。由图 5-10 可知,随着点火能量的增加,火焰前锋阵面上升速度加快,火焰前锋阵面上升的最高距离增大,在 1 J、2 J 和 5 J 的点火能量下,煤粉云火焰前锋阵面高度在 140 ms 内分别达到 599 mm、653 mm 和 743 mm;由图 5-11 可知,在 1 J、2 J 和 5 J 的点火能量下,煤粉云分别在点火后 120 ms、120 ms 和 115 ms 时火焰速度达到最大值,分别为 9.2 m/s、10.3 m/s 和 12.6 m/s,随着点火能量的增加,煤粉云的火焰传播速度逐渐增大。这是因为在电火花点火过程中击穿空气,形成局部高温,随着点火能量的增加,电火花持续的时间增大,使得电火花附近的高

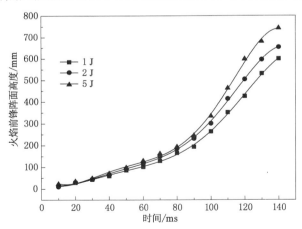

图 5-10　点火能量-火焰前锋阵面高度曲线

温持续时间更长,点火源范围增大,煤粉粒子表面可以在更短的时间内从点火源获得能量,粒子表面温度急剧升高,裂解形成可燃性气体,与周围空气发生氧化反应放出热量,进一步加快煤粉粒子的热分解反应[11],导致火焰传播速度的增加。

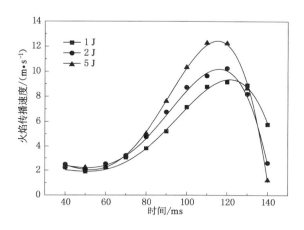

图 5-11  点火能量-火焰传播速度曲线

### 5.3.3  燃烧管管长对火焰前锋阵面和火焰速度的影响

当点火能量为 5 J、浓度为 500 g/m³ 时,煤粉云在不同长度的竖直燃烧管中的火焰前锋阵面高度和火焰传播速度的关系曲线如图 5-12 和 5-13 所示,火焰传播速度整体上呈现"先增大到最大值,后逐渐下降"的趋势。在燃烧管管长分

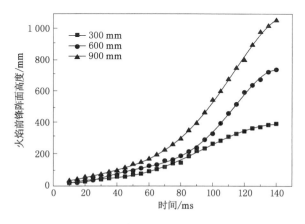

图 5-12  燃烧管管长-火焰前锋阵面高度曲线

别为300 mm、600 mm 和900 mm 的条件下,煤粉分别在点火后 95 ms、115 ms 和115 ms 时火焰速度达到最大值,分别为 5.0 m/s、12.6 m/s 和 15.2 m/s;140 ms 后火焰前锋面分别上升至 398 mm、743 mm 和 1 058 mm。随着燃烧管长度的增加,燃烧管对燃烧产物的约束作用逐渐增加,燃烧产物的膨胀作用愈发明显,火焰传播速度逐渐加快;同时,燃烧产物的膨胀作用会诱导火焰前锋阵面上方未燃煤粉云产生湍流流动,湍流又反过来增大燃烧速度,如此反复相互作用,火焰传播过程不断加速[12-13],短时间积累的热量更多,造成煤粉云火焰传播速度随着燃烧管长度的增加而增加。

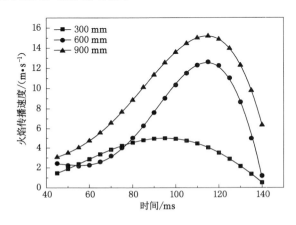

图 5-13 燃烧管管长-火焰传播速度曲线

# 5.4 煤粉云火焰传播过程中的温度特征

根据红外热成像装置的记录结果,得到火焰温度随时间变化的数据。图 5-14 为煤粉云火焰传播过程中典型的温度变化曲线。

由图 5-14 可知,在燃烧的初始阶段,火焰温度较低,火焰温度上升速率较快,在 115 ms 时达到最大值;随着燃烧过程的继续,由于燃料的不足,燃烧放出的热量逐渐降低且向外界释放热量大于煤粉云燃烧产生的热量,温度开始下降。

## 5.4.1 浓度对火焰温度的影响

当火能量为 5 J、燃烧管管长为 600 mm 时,不同煤粉云浓度-火焰温度曲线如图 5-15 所示。由图 5-15 可知,当煤粉浓度为 125 g/m³ 时,火焰最高温度为 723 ℃,随着煤粉浓度的增加,火焰温度逐渐增大,当煤粉云浓度为 500 g/m³

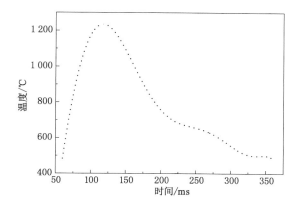

图 5-14 煤粉云火焰传播过程中典型的温度变化曲线

时,火焰温度达到最高值 1 270 ℃,此后随煤粉云浓度的继续增加,火焰温度逐渐下降。

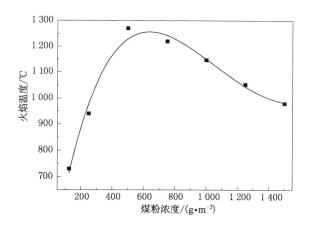

图 5-15 煤粉云浓度-火焰温度曲线

由于煤粉云在燃烧管内的燃烧过程中,燃烧区和未燃区中的颗粒数都随火焰的传播而逐渐增加,在煤粉云浓度较低时,管道内空气充足,满足煤粉云的燃烧所需氧气,最高温度随着浓度的增加而增加;当浓度超过某一数值时,未燃区内粒子数增加,造成燃烧管内氧气不足,且过量的煤粉颗粒吸收了燃烧的部分热量,使得煤粉不能充分燃烧,导致整个燃烧过程的放热量减少以及温度下降[14]。

### 5.4.2 点火能量对火焰温度的影响

当煤粉云浓度为 500 g/m³、燃烧管管长为 600 mm 时,点火能量-火焰温度曲线如图 5-16 所示。当点火能量为 0.25 J 时,火焰最高温度为 834 ℃,随着点火能量的增加,火焰温度逐渐升高,当点火能量为 5 J 时,火焰温度达到最高值1 270 ℃,说明随着点火能量的增大,释放出的热量越多,对煤粉云的燃烧起到了一个加速作用,从而使煤粉云的火焰温度越来越高。此外,通过图 5-16 还可以看出,随着点火能量的逐渐增加,火焰最高温度上升的趋势逐渐平缓,因为当点火能量增大到一定程度,电火花释放出的热量基本满足煤粉云燃烧所需要的能量,对煤粉云燃烧的加速作用逐渐减小。

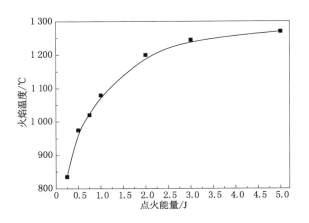

图 5-16　点火能量-火焰温度曲线

### 5.4.3 燃烧管管长对火焰温度的影响

当点火能量为 5 J、浓度为 500 g/m³ 时,竖直燃烧管管长-火焰温度曲线如图 5-17 所示。由图 5-17 可以看出,煤粉云火焰的温度随着燃烧管管长的增加基本呈现出线性增加的趋势,当燃烧管管长为 150 mm 时,试验得出的煤粉云最高火焰温度为 1 170 ℃;当燃烧管管长增加至 900 mm 时,火焰的最高温度达到了1 360 ℃以上。煤粉云在不同长度的燃烧管中的火焰温度发展变化趋势和与火焰传播速度变化规律相类似,这是由于燃烧管管长的增加对燃烧产物的约束作用增加所致。

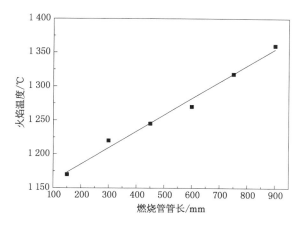

图 5-17　燃烧管管长-火焰温度曲线

# 5.5　数值模型的建立

CFD(computational fluid dynamics)技术是近年来流体力学领域发展起来的重要数值模拟技术之一,其特点是通过数值模拟在计算机中对流体力学问题进行研究,从而对流场流动进行研究。CFD方法的基本思路[15]是通过计算机把连续流体以离散方式进行处理,得到国内外广大科研工作者的广泛应用。典型的方法是通过把大空间区域离散化为小胞腔,从而形成立体网格或网格点。此外,通过CFD方法与试验研究手段相结合,能够弥补单纯的试验研究的不足。

## 5.5.1　基本控制方程组

采用CFD软件FLUENT对煤粉云燃烧过程进行三维数值模拟研究,模拟过程中假设煤粉是规则的球形颗粒,以化学反应动力学和流体力学为基础,从质量守恒、能量守恒、动量守恒和化学反应平衡出发建立基本控制方程组[16-17]。

质量守恒方程:

$$\frac{\partial \rho}{\partial t} + \frac{\partial \rho u_i}{\partial x_i} = 0 \tag{5-1}$$

能量守恒方程:

$$\frac{\partial \rho h}{\partial t} + \frac{\partial}{\partial x_j}\left(\rho u_j h - \frac{\mu_e}{\sigma_h}\frac{\partial h}{\partial x_j}\right) = \frac{\mathrm{d}p}{\mathrm{d}T} + S_h \tag{5-2}$$

动量守恒方程:

$$\frac{\partial \rho u_i}{\partial t} + \frac{\partial}{\partial x_j}\left(\rho u_i u_j - \mu_e \frac{\partial h_i}{\partial x_j}\right) = \frac{\partial \rho}{\partial x_i} + \frac{\partial}{\partial x_j}\left(\mu_e \frac{\partial u_j}{\partial x_j}\right) - \frac{2}{3}\frac{\partial}{\partial x_j}\left[\delta_{ij}\left(\rho k + \mu \frac{\partial u_k}{\partial x_k}\right)\right]$$

$$(5\text{-}3)$$

化学反应平衡方程:

$$\frac{\partial(\rho Y_{fu})}{\partial t} + \frac{\partial}{\partial x_j}\left(\rho u_j Y_{fu} - \frac{\mu_e}{\sigma_{fu}}\frac{\partial Y_{fu}}{\partial x_j}\right) = R_{fu} \qquad (5\text{-}4)$$

式中,$p$ 为压力;$t$ 为时间;$\rho$ 为密度;$Y_{fu}$ 为燃料化学反应速率;$u_i$ 为速度;$\mu$ 为动力黏度;$k$ 为湍流动能。

## 5.5.2　湍流模型

　　根据煤粉燃烧过程的特点以及工程实践经验可知,煤粉燃烧过程中的气流流动会增加其燃烧反应速率,化学反应速率提升后又会反作用于气流流动过程[18-19]。因此,煤粉的燃烧速率与气流流动是相互耦合、相互促进的正反馈关系,如图 5-18 所示。

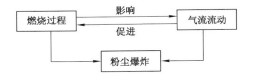

图 5-18　煤粉的燃烧过程与气流的关系

　　本章选取标准的 $k$-$\varepsilon$ 模型作为计算模型,见式(5-5)和式(5-6)。$k$-$\varepsilon$ 模型是从试验总结中提出的双方程模型,该模型有较多工程数据积累,计算量合适,精度较高[20-21]。

$$\rho \frac{\partial k}{\partial t} = \frac{\partial}{\partial x_i}\left[\left(\mu + \frac{\mu_t}{\sigma_k}\right)\frac{\partial k}{\partial x_i}\right] + G_k + G_b - \rho\varepsilon - Y_M \qquad (5\text{-}5)$$

$$\rho \frac{\partial \varepsilon}{\partial t} = \frac{\partial}{\partial x_i}\left[\left(\mu + \frac{\mu_t}{\sigma_\varepsilon}\right)\frac{\partial \varepsilon}{\partial x_i}\right] + C_{1\varepsilon}\frac{\varepsilon}{k}(G_k + C_{3\varepsilon}G_b) - C_{2\varepsilon}\rho\frac{\varepsilon^2}{k} \qquad (5\text{-}6)$$

式中,$G_k$ 为平均速度梯度引起的动能;$G_b$ 为浮力影响引起的动能;$Y_M$ 为可压缩气流脉动膨胀对总耗散率的影响;$\mu_t$ 为黏性系数;$C_{1\varepsilon}$、$C_{2\varepsilon}$、$C_{3\varepsilon}$ 为默认值常数;动能 $k$ 与耗散率 $\varepsilon$ 的普朗特数分别为 $\sigma_k = 1.0$,$\sigma_\varepsilon = 1.3$。

## 5.5.3　燃烧模型

　　煤粉燃烧过程的详细化学反应动力学机理相当复杂。一般来说,在煤粉初始升温阶段,煤粉的挥发分受热产生大量的小分子有机物,如甲烷、乙烯等,随着反应的进一步进行,煤粉中的大分子有机物如芳香烃物质开始参与反应,最后阶段是煤粉中的固定碳的燃烧。以煤粉燃烧初始阶段产生的甲烷为例,甲烷燃烧主要包括链的引发、链的传递、链的终止等阶段[22],其主要特点是在反应过程中单个自由基可以生成2个或更多的自由基,完整的反应如下所示:

$$CH_4 + M \longrightarrow CH_3 + H + M$$
$$CH_4 + O_2 \longrightarrow CH_3 + HO_2$$
$$O_2 + M \longrightarrow 2O + M$$
$$CH_4 + O \longrightarrow CH_3 + OH$$
$$CH_4 + H \longrightarrow CH_3 + H_2$$
$$CH_4 + OH \longrightarrow CH_3 + H_2O$$
$$CH_3 + O \longrightarrow H_2CO + H$$
$$CH_3 + O_2 \longrightarrow H_2CO + OH$$
$$H_2CO + OH \longrightarrow HCO + H_2O$$
$$HCO + OH \longrightarrow CO + H_2O$$
$$CO + OH \longrightarrow CO_2 + H$$
$$H + O_2 \longrightarrow OH + O$$
$$O + H_2 \longrightarrow OH + H$$
$$O + H_2O \longrightarrow 2OH$$
$$H + H_2O \longrightarrow H_2 + OH$$
$$H + OH + M \longrightarrow H_2O + M$$
$$CH_3 + O_2 \longrightarrow HCO + H_2O$$
$$HCO + M \longrightarrow H + CO + M$$

上述反应链表明,甲烷在高温环境中发生氧化反应的进程一般为:

$$CH_4 \longrightarrow CH_3 \longrightarrow H_2CO \longrightarrow CO \longrightarrow CO_2$$

为合理简化,煤粉燃烧过程中的数值模拟中采用一步不可逆反应:

$$C_xH_y + (y/4 + x)O_2 \longrightarrow y/2H_2O + xCO_2$$
$$C + O_2 \longrightarrow CO_2$$

燃烧过程的数值模拟研究,常用的模型主要有层流有限速率模型与涡旋耗散(eddy-break-up,简称EBU)模型。考虑到湍流在整个煤粉燃烧过程中的作用,本章选用EBU模型对煤粉的燃烧现象进行描述。EBU燃烧模型具有更高的准确度,能较好地反映出实际温度场及气体湍流等特点;不足之处是其采用的一步反应不能对中间产物进行预测[23-24],EBU模型方程为:

$$R_{fu,T} = \frac{C_R \rho g_{fu}^{1/2} \varepsilon}{k} \tag{5-7}$$

式中,$R_{fu,T}$为湍流燃烧速率;$C_R$为常数;$g_{fu}$为燃料质量分数的脉动均方根。

## 5.5.4 计算模型

假设煤粉颗粒为规则球体,选取粒径为 34 $\mu$m 的煤粉作为模拟过程中的研究对象,如图 5-19 所示。计算模型包括两个部分,分别为竖直燃烧管和燃烧管上方外部流场计算域。竖直燃烧管的内径为 $D$、管长为 $L$;为了对管外的火焰变化过程进行仿真,在管外部建立直径为 $L$,高 1.2$L$ 的圆柱体计算域。在壁面处划分三菱柱边界层,其余为四面体网格。网格划分时采取从下到上、由密到疏的划分方式,这样可以在控制网格总数的同时,保持下部火焰区域具有足够的网格密度,最终生成的网格数目为 70 万个。管壁为无滑移壁面边界条件,由于整个煤粉燃烧时间较短,假定该过程中与外界无热交换、热对流等,整个燃烧过程固定在边界网格之内,管上端的大圆柱体与外界大气连通。以 FLUENT 软件中自带的涡耗散煤粉燃烧模型为基础,设定点火能量为 5 J,对煤粉云燃烧过程进行三维数值模拟。

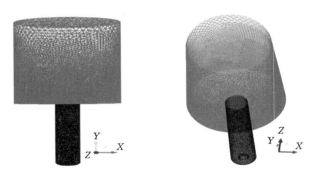

图 5-19　不同视角下的计算网格

## 5.5.5 煤粉云火焰传播数值模拟研究

当燃烧管管长为 300 mm、煤粉云浓度为 500 g/m³、点火能量为 5 J 时,煤粉云燃烧过程中不同时刻计算域火焰面发展的数值模拟如图 5-20 所示。模拟计算区域包括竖直燃烧管和燃烧管上方的外部流场区域。在初始时刻,火焰从点燃位置向四周缓慢发展,火焰锋面形状为近似球形。随着爆炸的发展,火焰从管口喷射到燃烧管上方的外部流场区域,形成蘑菇云状火球,与试验过程中拍摄到的高速摄影图一致,如图 5-6 所示。

### 5.5.5.1 煤粉云火焰传播特性结果分析

图 5-21 和图 5-22 为煤粉云火焰传播过程中的数值模拟和试验结果对比图。

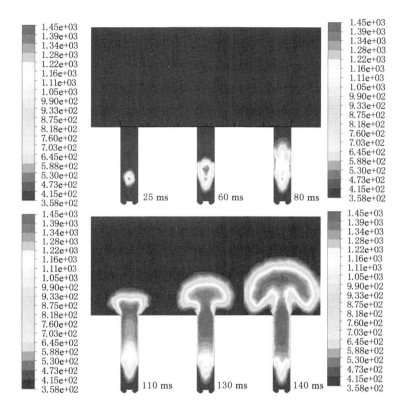

图 5-20 煤粉云燃烧过程火焰温度的空间分布模型(单位:℃)

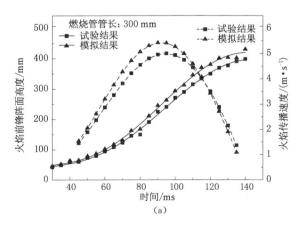

(a)

图 5-21 不同管长煤粉云火焰传播过程

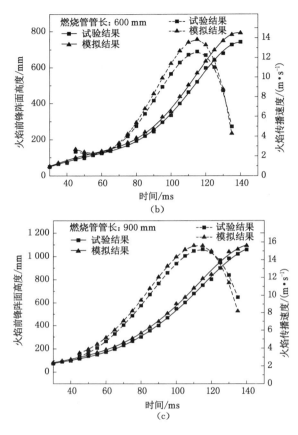

(b)

(c)

图 5-21(续)

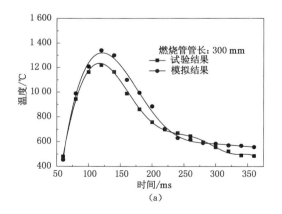

(a)

图 5-22　不同管长煤粉云火焰传播温度变化曲线

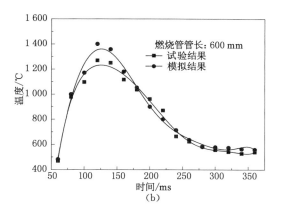

（b）

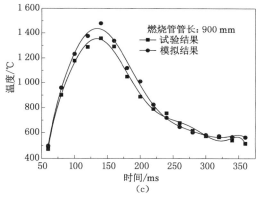

（c）

图 5-22（续）

　　图 5-21 为煤粉云在不同长度的燃烧管中火焰传播过程。由图 5-21 可知，煤粉云火焰传播速度整体上呈现先增大后减小的趋势，数值模拟得出的火焰传播规律与试验结果一致，模拟过程中的火焰传播速度整体上略高于试验过程中得到的火焰传播速度。

　　在燃烧管管长分别为 300 mm、600 mm 和 900 mm 的模拟条件下，煤粉云分别在点火后 90 ms、115 ms 和 110 ms 时火焰速度达到最大值，分别为 5.4 m/s、13.8 m/s 和 15.6 m/s，140 ms 后火焰前锋阵面分别上升至 430 mm、792 mm 和 1 093 mm 的高度。在燃烧管管长分别为 300 mm、600 mm 和 900 mm 的试验条件下，煤粉云分别在点火后 95 ms、115 ms 和 115 ms 时火焰速度达到最大值，分别为 5.0 m/s、12.6 m/s 和 15.2 m/s，140 ms 后火焰前锋面分别上升至 398 mm、743 mm 和 1 058 mm 的高度。数值模拟条件下火焰速度达到最大值的时间与试验条件下火焰速度达到最大值的时间基本重合,试验和模拟条件下火焰传播速度的绝对误差在 80 ms、120 ms 和 95 ms 最大,分别为 0.51 m/s、1.26 m/s 和0.76 m/s,相对误差分别为 11.3%、10.2% 和 6.0%。

图 5-22 为通过红外热成像装置得到的煤粉火焰温度随时间变化的关系图。在燃烧管管长分别为 300 mm、600 mm 和 900 mm 的模拟条件下,煤粉云分别在点火后 120 ms、120 ms 和 140 ms 时火焰温度达到最大值,分别为 1 360 ℃、1 418 ℃ 和1 484 ℃。在此试验条件下,煤粉云分别在点火后 120 ms、120 ms 和 140 ms 时火焰温度达到最大值,煤粉云的最高火焰温度分别为 1 220 ℃、1 270 ℃ 和 1 360 ℃。试验温度和模拟温度的最大绝对误差分别为 140 ℃、148 ℃ 和 124 ℃,相对误差分别为 11.5%、11.7% 和 9.1%。

模拟过程中火焰传播速度和火焰温度普遍高于试验过程中的火焰传播速度和火焰温度。产生误差的主要原因可能为:

① 众多模型的简化假设。在模拟过程中,煤粉云燃烧过程中采用 $k$-$\varepsilon$ 湍流模型,忽略了整个燃烧过程中的边壁效应;煤粉燃烧模型是采用一步不可逆反应,假定煤粉是完全燃烧,最终产物是 $CO_2$ 和 $H_2O$,而实际燃烧过程中存在煤粉的不完全燃烧等情况;在煤粉云燃烧的计算模型中设置了燃烧区域的边界条件,使得燃烧的范围控制在边界条件内,而实际燃烧过程中的燃烧范围的边界并不是严格存在的,煤粉燃烧始终和外界存在热交换过程。

② 煤粉云空间分布均匀程度和实际情况的有所差别。模拟过程中煤粉云的浓度是均匀分布的,而试验过程中煤粉云是由高压空气喷粉形成的煤粉云,由喷粉压力带来的气体湍流会在一定程度上影响煤粉云的均匀程度。

③ 初始条件中煤粉粒子均匀分布的假设与实际情况有一定的差别。模拟过程中煤粉颗粒设置为粒径为 34 $\mu$m 的规则球体,和试验样品的中位径相一致,但试验样品粒径分布范围在 10～100 $\mu$m 且煤粉粒度不均匀和形貌不规则,见图 2-1 和图 2-2。

④ 某些经验常数的数值设置。模拟过程中所采用的经验常数值适用范围有一定的条件。

因此,上述诸因素使得模拟过程存在了一定的误差。

虽然模拟结果和试验结果存在一定的误差,但是总体模拟结果较好地再现了煤粉爆炸过程中的火焰传播过程,火焰传播速度和火焰温度的误差在可接受的范围内。模拟结果还得出了煤粉云燃烧过程中燃烧区域气流的分布情况,见图 5-23。

### 5.5.5.2  煤粉燃烧区域气流分析

当燃烧管管长为 300 mm、煤粉云浓度为 500 g/m³、点火能量为 5 J 时,煤粉

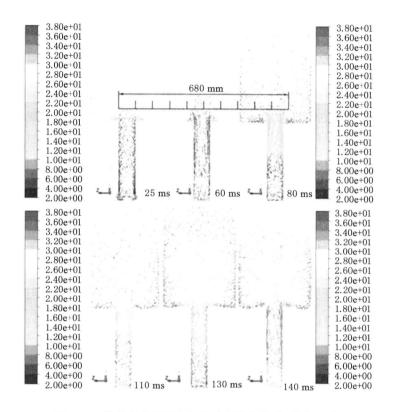

图 5-23　煤粉爆炸过程中气流速度分布模型(单位：m/s)

云燃烧过程中不同时刻计算域气流速度分布模型如图 5-23 所示。点火后,火焰由点火中心位置开始向四周传播。在点火后 25 ms 内,此时容器内气流速度较低,最大气流速度出现在火焰前锋阵面位置,约为 2 m/s。点火后 60 ms 后,由于管壁对火焰传播有约束作用,火焰在管口方向传播较快,气流速度较大区域集中在点火位置到管口区域之间。气流主要沿燃烧管出口方向向上传播,最大气流速度为 10 m/s。点火后 80 ms,底面由于为封闭状态,火焰面发展受限,火焰向管口方向传播速度加快,最大气流速度出现在火焰面上方靠近管口壁面处,约为 24 m/s。点火后 110 ms,火焰基本充满哈特曼管,并向上逸出,最大气流速度出现在管口处,约为 40 m/s,之后由于缺少了哈特曼管的约束,气流方向开始向四周扩散,造成气流速度开始降低。点火后 130 ms,火焰在燃烧管外部形成了典型的蘑菇云形状,由于火焰基本已冲出燃烧管内的狭小空间,气流速度相比 80 ms 时刻有所衰减,最大气流速度约为 28 m/s。点火后 140 ms 时刻,蘑菇云火焰进一步扩大,此时煤粉进一步燃烧,哈特曼管外部中心最大气流衰减至约 12 m/s。此后,由于燃料浓度逐渐降低,火焰不断衰减直至熄灭。

如图 5-24 所示,气流速度随着燃烧管管长的增加而增大,在燃烧管管长分别为 300 mm、600 mm 和 900 mm 的试验条件下,煤粉分别在点火后 110 ms、120 ms 和 130 ms 时气流达到最大值,分别为 40 m/s、72 m/s 和 110 m/s,均高于同一时刻的火焰传播速度(图 5-21)。因此,气体流动是形成粉尘爆炸的一个重要因素,粉尘初始燃烧过程中产生的气流会使周围粉尘层扬起,在新的空间内形成有效浓度的粉尘云。同时,飞散的火花和辐射热可提供点火源,形成连锁爆炸,造成粉尘爆炸中的多米诺效应[25],见图 5-25,使得粉尘存在的整个场所受到爆炸破坏。

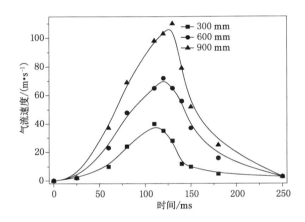

图 5-24    不同时刻的最大气流速度分布曲线

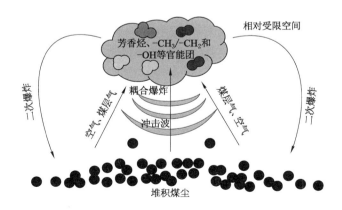

图 5-25    粉尘爆炸中的多米诺效应

# 5.6　本章小结

在原有的哈特曼管装置的基础上建立了粉尘云火焰传播测试系统,并利用该系统研究了煤粉云的燃烧过程。通过数值模拟与试验相结合的分析手段,对煤粉爆炸过程中的火焰传播特征进行分析,主要得到以下结论:

(1)煤粉云燃烧过程分为3个阶段:火焰传播的自由膨胀阶段、火焰加速传播阶段和火焰减速传播阶段。

(2)火焰传播速度和火焰温度随着煤粉浓度的增大呈现出"先增大,后减小"的现象,在煤粉的最佳燃烧浓度,火焰传播速度和火焰温度均达到最大值。此外,点火能量的增大能有效的增加点火区域和点火持续时间,使煤粉的火焰传播速度和火焰温度随着点火能量的增大而增大。

(3)煤粉云火焰传播速度和火焰温度都随着燃烧管管长的增加而增加,火焰传播速度整体上呈现"先增大,后减小"的趋势。在煤粉浓度为 500 g/m³,点火能量为 5 J 的条件下,管长为 300 mm、600 mm 和 900 mm 燃烧管中煤粉云的火焰传播速度的最大值分别为 5.0 m/s、12.6 m/s 和 15.2 m/s;煤粉云的最高火焰温度分别为 1 220 ℃、1 270 ℃ 和 1 360 ℃。

(4)模拟结果较好的重现煤粉燃烧过程中煤粉火焰传播速度和火焰温度的变化规律。试验过程与模拟过程的误差范围在 6%～12%,模拟结果和试验结果符合程度较好,表明出此模型能够很好地应用于煤粉爆炸的数值研究,能够比较准确地预测粉尘爆炸过程中的火焰传播过程。

(5)模拟结果还揭示了煤粉火焰传播过程中周围气流的流动特征。在同一时刻,气流速度明显高于火焰传播速度,说明气体流动是造成粉尘层扬尘,进而使粉尘产生连锁爆炸的一个重要原因。

# 本章参考文献

[1] 李雨成,刘天奇,周西华,等.携煤尘高压气流诱导沉积煤粉爆炸火焰特性研究[J].中国安全科学学报,2017,27(5):58-63.

[2] 刘静,陈先锋,章波,等.甲烷体积分数对甲烷-煤粉复合火焰传播特性的影响[J].中国安全科学学报,2020,30(6):106-112.

[3] 裴蓓,张子阳,潘荣锟,等.不同强度冲击波诱导沉积煤尘爆炸火焰传播特性[J].煤炭学报,2021,46(2):498-506.

[4] MA D, QIN B, GAO Y, et al. Study on the explosion characteristics of

methane-air with coal dust originating from low-temperature oxidation of coal[J]. Fuel, 2020, 260:116304.

[5] CAO W G, CAO W, PENG Y H, et al. Experimental study on the combustion sensitivity parameters and pre-combusted changes in functional groups of lignite coal dust[J]. Powder technology, 2015, 283:512-518.

[6] CAO W G, GAO W, PENG Y H, et al. Experimental and numerical study on flame propagation behaviors in coal dust explosions[J]. Powder technology, 2014, 266:456-462.

[7] CAO W G, GAO W, LIANG J Y, et al. Flame-propagation behavior and a dynamic model for the thermal-radiation effects in coal-dust explosions[J]. Journal of loss prevention in the process industries, 2014, 29:65-71.

[8] 曹卫国,徐森,梁济元,等.煤粉尘爆炸过程中火焰传播特性的研究[J].爆炸与冲击,2014,34(5):586-593.

[9] 仲倩.燃料空气炸药爆炸参数测量及毁伤效应评估[D].南京:南京理工大学,2011.

[10] 潘峰,马超,曹卫国,等.玉米淀粉粉尘爆炸危险性研究[J].中国安全科学学报,2011,21(7):46-51.

[11] 来诚锋,段滋华,张永发,等.煤粉末的爆炸机理[J].爆炸与冲击,2010,30(3):325-328.

[12] DING Y B, SUN J H, HE X C, et al. Flame propagation characteristic of zirconium particle cloud[J]. Journal of combustion science and technology, 2010, 16(4):353-357.

[13] LIU Q, BAI C, LI X, et al. Coal dust/air explosions in a large-scale tube [J]. Fuel, 2010, 89(2):329-335.

[14] American Society for Testing Material. E1226:Standard test method for pressure and rate of pressure rise for combustible dusts[S]. Philadephia, PA:ASTM Committee on Standards, 2005.

[15] 于勇.FLUENT 入门与进阶教程[M].北京:北京理工大学出版社,2008.

[16] 周力行.燃烧理论和化学流体力学[M].北京:科学出版社,1986.

[17] 杨宏伟,范宝春.障碍物和管壁导致火焰加速的三维数值模拟[J].爆炸与冲击,2001,21(4):259-264.

[18] 王健,李新光,钟圣俊,等.大型相连容器中火焰传播的研究[J].中国安全科学学报,2009,19(11):69-74.

[19] WEI N, ZHONG A J. Numerical simulation of distribution regularities of

dust concentration in fully mechanized top-coal caving face[C] //4th International Conference on Biomedical Engineering and Biotechnology. Chengdu,Sichuan:IEEE,2010.

[20] 陈翠梧,苏亚欣.高温空气燃烧的模型比较数值研究[J].工业加热,2010,39(3):11-14.

[21] 张晓东,张培林,傅建平,等.$k$-$\varepsilon$双方程湍流模型对制退机内流场计算的适用性分析[J].爆炸与冲击,2012,31(5):516-520.

[22] 彭旭.柱形容器内可燃气体开口泄爆过程数值模拟研究[D].江西:江西理工大学,2013.

[23] 章诚,何家德.三维加力燃烧室两相湍流燃烧的数值模拟[J].航空动力学报,2000,15(4):397-400.

[24] 常峰,索建秦,梁红侠,等.EBU 和 PDF 模型在燃烧室上的应用[J].科学技术与工程,2012,20(15):3699-3702.

[25] 任纯力.粉尘云最小点火能实验研究与数值模拟[D].沈阳:东北大学,2011.

# 6 基于 ReaxFF 分子动力学的煤热解机理

## 6.1 引　　言

  煤热解是大多数煤转化过程如气化、液化和燃烧的初始反应步骤[1-2]。对煤热解,特别是基本热解反应机理的深入了解,将有助于开发清洁高效的煤炭利用技术。煤热解被公认为是一种自由基驱动的过程,涉及无数偶联反应途径,产生大量自由基中间体[3-4]。大多数自由基具有高反应性,寿命很短,因此很难通过试验来捕获它们[4-5],即使采用最先进的试验方法也是如此。此外,用于研究煤的简单模型化合物[6-8]的热解机理的量子力学(QM)很难用于研究复杂的煤热解系统,因为它在计算上非常昂贵,并且需要对可能的反应途径的先验知识。将分子动力学与反应力场相结合的反应分子动力学方法为模拟煤热解系统中涉及的复杂化学和多种反应途径提供了一种有前途的方法[9-12]。

  随着计算的迅速提高和新算法的发展,分子模拟技术在从分子层面研究反应机理问题中发挥着越来越重要的作用,尤其是基于反应力场的分子动力学模拟(ReaxFF-MD)被广泛应用于碳氢燃料、含能材料、生物燃料的反应机理研究[13-20]。ReaxFF 力场是由范杜因(van Duin)和戈达德(Goddard)等[9]基于键序提出的,它可以很好地描述化学键的离解和形成。ReaxFF 力场具有接近密度泛函理论的精度、计算量远低于密度泛函理论的优点,因而适用于大于 1 000 个原子的复杂反应体系。更值得注意的是,这种不需要预先定义反应路径的特性使其成为模拟复杂煤热解系统的合适选择和有前途的选择。ReaxFF 分子动力学已被广泛应用于探索具有数千个或更多原子的分子系统的反应机理。特别是,这种方法已被用于探测煤大分子在各种环境中的反应[10-11,21-25]。撒蒙(Salmon)等[21]首先采用 ReaxFF-MD 方法,使用简单的模型化合物和一个由2 692 个原子组成的相对较大的模型来模拟莫尔韦尔褐煤的热分解。这项工作再现了在试验中观察到的去功能化、解聚和残基结构重排的热分解过程,并解释了一些气体化合物的生成途径。卡斯特罗(Castro-Marcano)等[10]使用 ReaxFF-MD

方法模拟伊利诺伊 6 号煤的大规模分子模型热解,研究了煤热解化学和有机硫含量的影响。该煤分子模型中包含 51 529 个原子,用 ReaxFF-MD 模拟是最大的煤炭模型。结果表明,煤的热解是由羟基的释放和氢芳香结构的脱氢引发的,随后是含杂原子交联的断裂。同时,进一步证明了结合大尺度分子模型的分子动力学方法可以为探索煤热解过程中的复杂化学过程提供一个有用的工具。M. Zheng 等[11,26-27]还进行了大规模的 ReaxFF MD 模拟,以探索柳林烟煤热解的初始反应机理和产物分布。通过模拟由 28 351 个原子组成的第二大煤模型,在模拟中观察到的产物演化趋势与文献中报道的试验结果一致。此外,发现煤热解主要由煤结构中烷基-芳基醚桥的键离解引发[11],基于缓慢加热期间桥键的裂解,柳林煤的热解过程可分为 4 个主要阶段。

由于上述研究中选择和建立的煤分子模型主要为烟煤和褐煤,且其煤分子中所包含的元素含量与本书所选褐煤试验样本具有较大差别。因此,为了进一步探索本书试验所选的褐煤的热解特性,我们对褐煤模型(Wolfrum 模型[28],图 3-7)进行了适当修改,构建元素含量更合适的煤分子模型进行了一系列 ReaxFF 分子动力学模拟。通过对模拟轨迹进行分析,以探索煤热解产物分布演变和潜在的热解反应机理。

# 6.2 模型构建与模拟过程

## 6.2.1 煤结构模型的构建

本章中的煤模型是结合褐煤粉品的工业分析和元素分析数据,对 Wolfrum 模型(图 3-7)进行了适当的修改和简化,提高氧元素含量的构建,见图 6-1。该煤分子模型的分子式为 $C_{212}H_{156}N_4O_{57}$,其元素分析见表 6-1。

表 6-1 修订 Wolfrum 模型元素对比分析

| 样品 | 元素分析/% | | | |
| --- | --- | --- | --- | --- |
| | C | H | O | N |
| 褐煤样品 | 57.1 | 4.4 | 36.5 | 1.1 |
| Wolfrum 模型 | 72.4 | 4.9 | 15.4 | 1.5 |
| 修订 Wolfrum 模型 | 69.4 | 4.3 | 24.8 | 1.5 |

为了研究煤分子模型的热解机理规律,并了解温度对反应的影响规律,我们进行了多分子模拟。通过 Materials Studio(MS)软件构建煤多分子模型,构建过程如图 6-2 所示。首先构建一个煤分子,并对煤单分子进行能量最小化和结

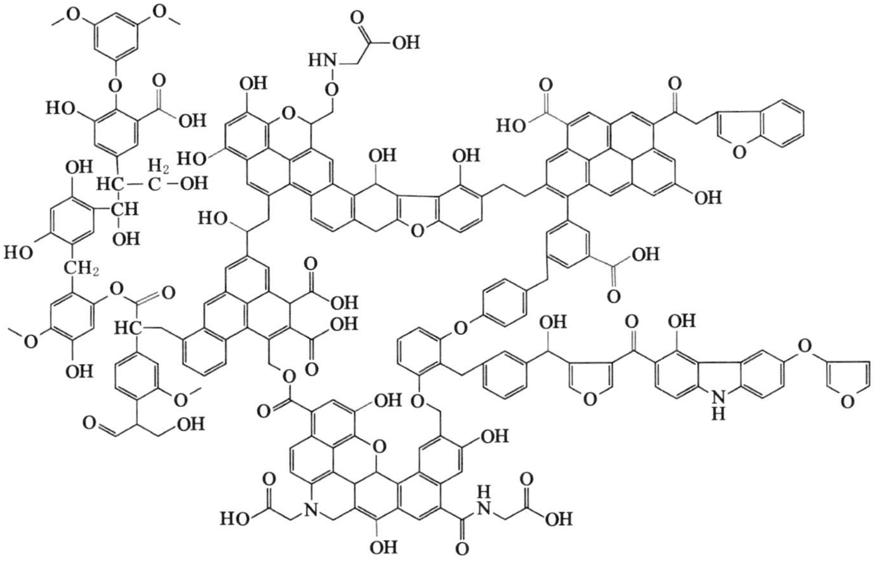

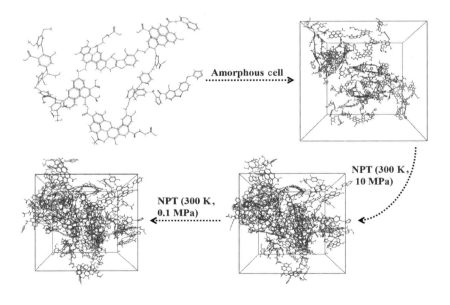

图 6-1　修订 Wolfrum 模型结构

图 6-2　模型建立

构优化,然后通过 MS 的无定型晶胞(Amorphous cell)模块构建包含 10 个优化后的煤单分子的无定形晶胞,并设置周期性边界条件。为了避免芳香环和其他重要官能团的重叠,煤分子结构模型最初以 0.1 g/cm³ 的低堆积密度构建。另外,为了得到褐煤的真实密度,初步建立的模型分别在 10 MPa 和 0.1 MPa 的压力下进行 NPT 压缩和减压过程,最后进行能量最小化优化模型。最终构建的煤多组分模型总共含有 4 250 个原子,堆积密度为 1.150 g/cm³,其经验公式可表示为 $C_{2120}H_{1560}N_{40}O_{570}$。

## 6.2.2　模拟细节

为了全面了解煤的热解行为,使用 ReaxFF-MD 对煤分子模型进行了等温热解模拟。在 2 200 K、2 400 K、2 600 K、2 800 K 和 3 000 K 的不同温度下进行长时间的等温热解模拟,以研究详细的热解反应机理和温度对煤热解特性的影响。所用的 ReaxFF 力场参数是由马特森(Mattsson)等开发的,这些参数是从 LAMMPS[29] 中的 reax 包获得的。ReaxFF 力场是最新一代的分子力场,既具有传统力场的基本性质,又能模拟体系中的化学反应。在基于 ReaxFF 力场的分子模型中,计算任意两个原子之间的键序(BO)来确定当前时刻每个原子系统的连通性。以 $BO_{ij}=0.3$ 作为化学键形成和断裂的判据,这是 van Duin 等(2001)首次开发该领域的基础。当 $BO_{ij}>0.3$ 时,表示形成化学键;否则,它意味着化学键的断裂。当原子参数发生变化时,ReaxFF 势函数会在下一时刻计算出原子间的距离和键能级来确定原子间的联系,从而判断分子中化学键的形成或断裂,进行循环迭代来模拟化学反应的过程。在 ReaxFF 分子动力学中,系统的能量可以表示为:

$$E_{system}=E_{bond}+E_{lp}+E_{over}+E_{under}+E_{val}+E_{pen}+E_{tors}+E_{conj}+E_{H-bond}+E_{vdW}+E_{Coulmb}$$

式中,$E_{bond}$、$E_{val}$、$E_{tors}$ 分别为依赖于键级的价键相互作用;$E_{vdW}$ 为分子间作用势;$E_{Coulmb}$ 为静电相互作用;$E_{H-bond}$ 为氢键相互作用,其余的为修正项。

首先在 NVE 系综下对模型进行能量最小化,在 NVT 系综 300 K 进行 10 ps 的低温平衡模拟,时间步长为 0.1 fs,温度由贝伦德森(Berendsen)恒温器[30] 控制,阻尼常数为 0.1 ps。在等温模拟中采用了将温度跳跃到目标值的策略,以避免在升温过程中影响化学反应的分析。模拟的环境选择 NVT 系综,在 2 200 K、2 400 K、2 600 K、2 800 K 和 3 000 K 分别进行 200 ps 高温分子动力学计算模拟,时间步长为 0.1 fs。NVT 系综意味着模拟箱和环境之间没有传热阻力,也没有传质。生成的挥发物(气体和焦油)将留在模拟箱中未反应的煤分子中,并在热解模拟过程中进一步反应。键序和非键截止分别设置为 0.3 和 10。模拟完成后,通过 OVITO 对原子坐标的输出文件进行可视化分析,并对输出文件进行再处理,根据输出的产物文件分析反应机理。

# 6.3　煤热解机理分析

通过 ReaxFF-MD 方法对煤分子模型的热解进行计算,2 200 K、2 400 K、2 600 K、2 800 K 和 3 000 K 下分子动力学模拟的结果进行了对比分析。

## 6.3.1　模拟轨迹分析

通过 OVITO 软件对原子坐标的输出文件进行可视化分析,获取了不同温度下煤分子热解模拟中原子的运动轨迹,分析了随着模拟的进行煤分子的分解程度以及不同温度对模拟轨迹的影响。图 6-3 为煤分子在不同温度下热解过程中分别在 0 ps、50 ps、100 ps、150 ps 和 200 ps 时的运动轨迹。

从图 6-3 中可以看出,在同一温度下,随着模拟的进行,大分子煤结构逐步分解,芳香环、C—C 键、C—O 键和 C—H 键等断裂,产生更小的分子结构,其中 $H_2$、$H_2O$、$CH_2O$ 和 $CO_2$ 等小分子产生的数量逐渐增多。此外,模拟温度越高,煤分子分解速度越快,相同时间下存在的大分子结构越少,产生的小分子数量越多。

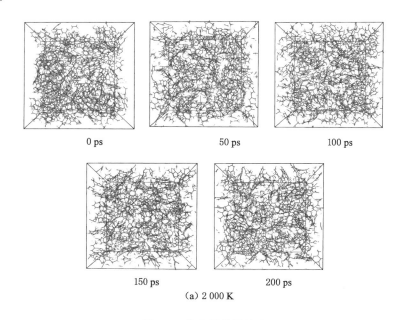

0 ps　　　　　　50 ps　　　　　　100 ps

150 ps　　　　　　200 ps

(a) 2 000 K

图 6-3　煤分子模拟轨迹

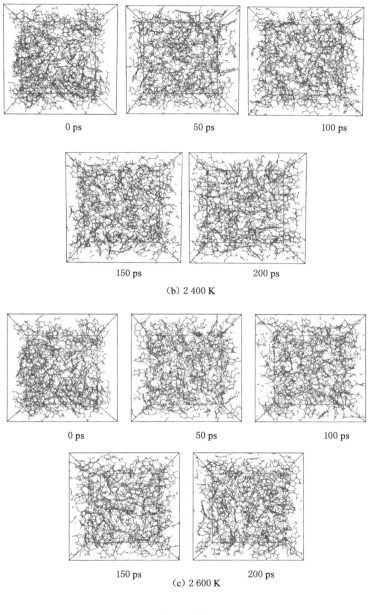

（b）2 400 K

（c）2 600 K

图 6-3（续）

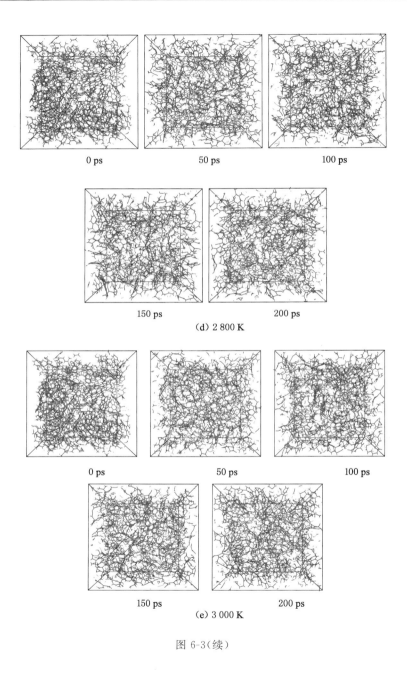

图 6-3（续）

## 6.3.2 温度对主要分解产物的影响

我们对产物分子在热解过程中的出现频率和数量进行分析，总结出了在不同热解温度下主要产物。不同温度下煤分子热解主要产物及其数量变化过程见图 6-4。在煤分子热解的最终产物中，$H_2$、$H_2O$、$CO_2$ 和 $CH_2O$ 数量在各温度下均逐步增加，且数量达到较高值。其中，$H_2$ 产生的数量在所有产物分子中最多，且其产生的速率最快；在反应开始后，其数量就随煤分子模型的分解而迅速增加。

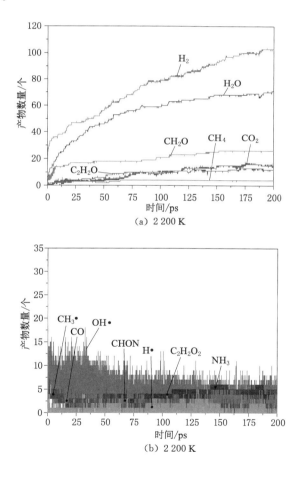

图 6-4　不同温度热解主要产物

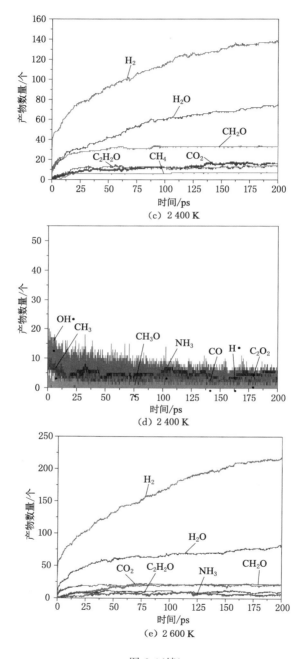

（c）2 400 K

（d）2 400 K

（e）2 600 K

图 6-4（续）

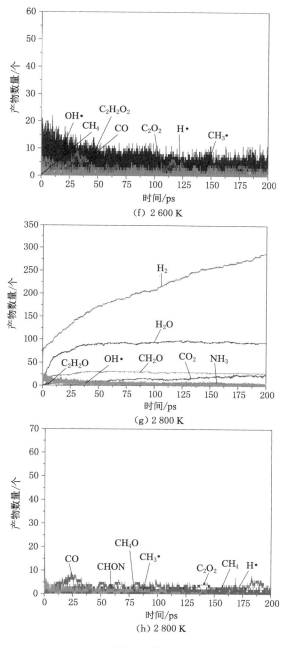

(f) 2 600 K

(g) 2 800 K

(h) 2 800 K

图 6-4（续）

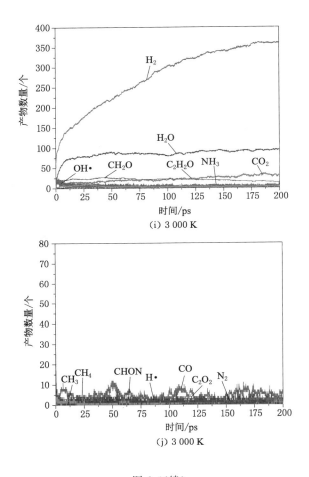

图 6-4（续）

　　H·和OH·自由基是煤分子分解初期最主要的自由基,H·自由基在煤分子分解开始后迅速产生并达到最大值,随后又迅速消耗,数量急剧下降,此结果与 $H_2$ 在分解初期的快速生成是一致的。OH·自由基的数量同样在分解初期快速增加至最大值,随后逐步降低并趋于稳定。OH·自由基所达到的最大数量小于 H·自由基,且其数量的消耗速率小于 H·自由基,但最终 OH·自由基的稳定数量高于 H·自由基,OH·自由基对 $H_2O$ 的生成具有重要影响。同时,随着分解温度升高,煤分子热解速率越快,其产物数量越多,尤其对于主要产物数量有明显的增加趋势。

图 6-4 中可以看出,在煤分子的热分解的模拟中,$H_2$、$H_2O$、$CO_2$ 和 $CH_2O$
是最重要的热解产物,对这些产物反应机理的详细分析对于理解煤分子模型的
整个热解机理至关重要。因此我们主要关注了 2 200 K、2 400 K、2 600 K、2 800 K
和 3 000 K 时 $H_2$、$H_2O$、$CO_2$ 和 $CH_2O$ 的数量变化,图 6-5 至图 6-8 分别展示了
热解主要产物 $H_2$、$H_2O$、$CO_2$ 和 $CH_2O$ 的数量分布情况。

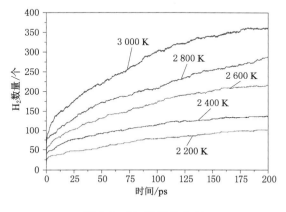

图 6-5　$H_2$ 的数量分布

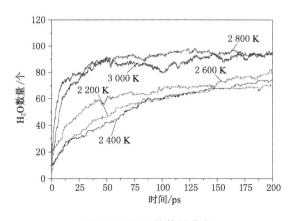

图 6-6　$H_2O$ 的数量分布

　　$H_2$ 是煤热解中最主要的产物,其产生数量最多。图 6-5 中,$H_2$ 在反应初期
存在一个快速生成阶段,其数量在极短时间内快速增加,随后呈现稳步增长趋
势。随着模拟温度的升高,$H_2$ 的产生速率越快,数量越多。在 200 ps 的模拟时
间内,$H_2$ 数量在 2 200 K、2 400 K、2 600 K、2 800 K 和 3 000 K 情况下的最大值
分别为 361、288、218、137 和 104。$H_2$ 生成主要通过 H·自由基与其他分子的

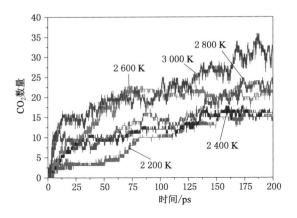

图 6-7   $CO_2$ 的数量分布

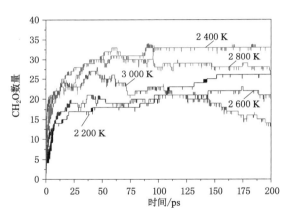

图 6-8   $CH_2O$ 的数量分布

氢原子结合而成（H·+H·——→$H_2$），因此 H·自由基的数量和 C—H 键的断裂对 $H_2$ 的产生有重要影响，同时 $H_2$ 产生的数量越多则反向证明煤分子中断键的数量越多，煤分子热解程度越高。

　　图 6-6 为煤分子热解模拟过程中 $H_2O$ 的数量变化。在 200 ps 的模拟时间内，在温度为 2 200 K 和 2 400 K 时，$H_2O$ 的数量呈稳步增长的趋势。随着热解过程的进行，$H_2O$ 逐渐生成，其数量不断增加，最终分别达到最大值 70 和 74。同时，在这两个温度下，$H_2O$ 的数量及其变化趋势基本一致，此时温度对 $H_2O$ 的生成的影响较小。在温度为 2 600 K，2 800 K 和 3 000 K 时，$H_2O$ 的数量呈现先增加后逐步趋于稳定的趋势，最终分子数量分别为 82 个、95 个和 95 个。2 800 K 和 3 000 K 时，$H_2O$ 的数量及产生速率均明显高于 2 600 K 时，而 2 800 K

和 3 000 K 下的 $H_2O$ 的数量及其变化趋势基本一致,此时的温度对 $H_2O$ 的生成的影响较小。由此可见,温度的升高虽然可以加快 $H_2O$ 的生成速率,但是对 $H_2O$ 的数量有明显影响的温度范围为 2 400~2 800 K,过低和过高的温度对 $H_2O$ 的生成的影响作用降低。

$CO_2$ 的形成同样受温度的影响,温度越高,产生速率越快,数量增加得越多。图 6-7 中,$CO_2$ 的数量变化基本呈现逐步增长的趋势。在反应开始的 20 ps 内,$CO_2$ 数量增加较快,且随着温度的升高其产生速率越快,数量越多。$CO_2$ 产生主要通过羧基—COOH 中 C 和 O 原子的脱离,$CO_2$ 的数量与关键中间体羧基和 O·自由基的数量有关。

除了最终的稳定产物之外,重要中间产物的生成和消耗过程对于理解整体氧化过程具有重要作用。在图 6-4 中,从各个温度下主要产物数量分布可以看出,$CH_2O$ 是煤分子模型燃烧中出现的主要中间体之一,$CH_2O$ 的数量分布情况见图 6-8。$CH_2O$ 同样在反应初期快速生成,温度越高,其生成速率越快。2 200 K、2 400 K 和 2 600 K 时,200 ps 的模拟时间内,煤分子的热解程度较低,$CH_2O$ 的生成反应占主导,数量持续增加后趋于稳定。2 800 K 和 3 000 K 时,反应速率较快,煤分子的热解程度较高,煤分子的热解开始生成并达到最大值后进一步发生反应生成更为稳定的最终产物,此时 $CH_2O$ 的消耗大于生成,$CH_2O$ 数量减少,温度越高 $CH_2O$ 的数量越少。

H·和 OH·自由基在反应初期有明显的数量变化,且其含量对于最终稳定产物 $H_2$ 和 $H_2O$ 的生成有重要影响。因此,为了进一步明确 H·和 OH·自由基的分布情况,选取从 0 ps 至其数量稳定部分的分布情况如图 6-9 和图 6-10 所示。从图中可发现,H·自由基在 0.05 ps 时已快速达到最大值 71、

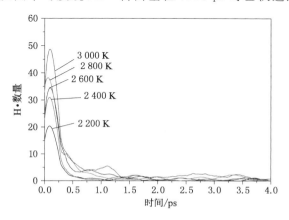

图 6-9  H·自由基在分解初始的数量分布

68、52、50 和 31 在 2 200 K、2 400 K、2 600 K、2 800 K 和 3 000 K 条件下,随后其数量迅速减少,在 1.5 ps 时均达到稳定,数量保持 3 左右。OH·自由基在 0.15 ps 时快速达到最大值 24、20、18、16 和 15 在 2 200 K、2 400 K、2 600 K、2 800 K 和 3 000 K 条件下,随后其数量逐渐减少,在 20 ps 时均达到稳定,数量保持 8 左右。

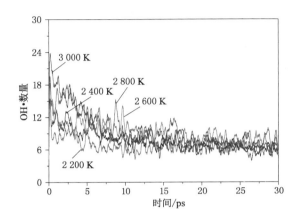

图 6-10    OH·自由基在分解初始的数量分布

# 6.4    本 章 小 结

本章采用反应力场分子动力学模拟方法(ReaxFF-MD)研究了煤分子多分子体系模型的热解过程,分析了煤分子的热解模拟轨迹和主要产物分布。根据其模拟轨迹发现,在同一温度下,随着模拟的进行,大分子煤结构逐步分解,芳香环、C—C 键、C—O 键和 C—H 键等断裂,产生更小的分子结构,其中 $H_2$、$H_2O$、$CO_2$ 和 $CH_2O$ 等小分子产生的数量逐渐增多。此外,模拟温度越高,煤分子分解速度越快,相同时间下存在的大分子结构越少,产生的小分子数量越多。在煤分子热解的最终产物中,$H_2$、$H_2O$、$CO_2$ 和 $CH_2O$ 数量在各温度下均逐步增加,且数量达到较高值。其中,$H_2$ 产生的数量在所有产物分子中最多,且其产生的速率最快。H·和 OH·自由基在反应初期有明显的数量变化,且其含量对于最终稳定产物 $H_2$ 和 $H_2O$ 的生成有重要影响。

# 本章参考文献

[1] SOLOMON P R，SERIO M A，SUUBERG E M. Coal pyrolysis：experiments，kinetic rates and mechanisms[J]. Progress in energy and combustion science，2012，18(2)：133-220.

[2] SOLOMON P R，FLETCHER T H，PUGMIRE R J. Progress in coal pyrolysis[J]. Fuel，1993，72(5)：587-597.

[3] MIURA K. Mild conversion of coal for producing valuable chemicals[J]. Fuel processing technology，2000，62(2/3)：119-135.

[4] LIU Z，GUO X，SHI L，et al. Reaction of volatiles-a crucial step in pyrolysis of coals[J]. Fuel，2015，154(15)：361-369.

[5] HE W，LIU Z，LIU Q，et al. Analysis of tars produced in pyrolysis of four coals under various conditions in a viewpoint of radicals[J]. Energy and fuels，2015，29(6)：3658-3663.

[6] LING L X，ZHANG R G，WANG B J，et al. Density functional theory study on the pyrolysis mechanism of thiophene in coal[J]. Journal of molecular structure-theochem，2009，905(1/2/3)：8-12.

[7] LING L X，ZHANG R G，WANG B J，et al. DFT study on the sulfur migration during benzenethiol pyrolysis in coal[J]. Journal of molecular structure-theochem，2010，952(1)：31-35.

[8] HUANG X，CHENG D G，CHEN F，et al. The decomposition of aromatic hydrocarbons during coal pyrolysis in hydrogen plasma：a density functional theory study[J]. International journal of hydrogen energy，2012，37(23)：18040-18049.

[9] VAN DUIN A C T，DASGUPTA S，LORANT F，et al. ReaxFF：a reactive force field for hydrocarbons[J]. Journal of physical chemistry A，2001，105(41)：9396-9409.

[10] CASTRO-MARCANO F，RUSSO M F，VAN DUIN A C T，et al. Pyrolysis of a large-scale molecular model for Illinois no. 6 coal using the ReaxFF reactive force field[J]. Journal of analytical and applied pyrolysis，2014，109：79-89.

[11] ZHENG M，LI X X，LIU J，et al. Pyrolysis of Liulin coal simulated by GPU-based ReaxFF MD with cheminformatics analysis[J]. Energy and

fuels,2014,28(1):522-534.

[12] LI X X,ZHENG M,LIU J,et. al. Revealing chemical reactions of coal py-
rolysis with GPU-enabled ReaxFF molecular dynamics and cheminformat-
ics analysis[J]. Molecular simulation,2015,41(1/2/3):13-27.

[13] TONG X,YANG P,ZENG M,et al. Confinement effect of graphene inter-
face on phase transition of n-eicosane:molecular dynamics simulations
[J]. Langmuir,2020,36(29):8422-8434.

[14] HAN S,LI X X,ZHENG M,et al. Initial reactivity differences between a
3-component surrogate model and a 24-component model for RP-1 fuel
pyrolysis evaluated by ReaxFF MD[J]. Fuel,2018,222:753-765.

[15] KWON H,LELE A,ZHU J Q,et al. ReaxFF-based molecular dynamics
study of bio-derived polycyclic alkanes as potential alternative jet fuels
[J]. Fuel,2020,279:118548.

[16] KWON H,SHABNAM S,VAN DUIN A C T,et al. Numerical simula-
tions of yield-based sooting tendencies of aromatic fuels using ReaxFF
molecular dynamics[J]. Fuel,2020,262:116545.

[17] WANG H J,FENG Y H,ZHANG X X,et al. Study of coal hydropyrolysis
and desulfurization by ReaxFF molecular dynamics simulation[J]. Fuel,
2015,145:241-248.

[18] CHEN Z,SUN W,ZHAO L. High-temperature and high-pressure pyroly-
sis of hexadecane:molecular dynamic simulation based on reactive force
field (ReaxFF)[J]. Journal of physical chemistry A,2017,121(10):
2069-2078.

[19] LIU Y L,DING J X,HAN K L. Molecular dynamics simulation of the
high-temperature pyrolysis of methylcyclohexane[J]. Fuel,2018,217:185-
192.

[20] SONG K F,JI G F,KUMARI K M,et. al. Blending effect between n-dec-
ane and toluene in oxidation:a ReaxFF study[J]. Molecular simulation,
2018,44(1):21-33.

[21] SALMON E,VAN DUIN A C T,LORANT F,et al. Early maturation
processes in coal. Part 2:Reactive dynamics simulations using the ReaxFF
reactive force field on Morwell Brown coal structures[J]. Organic geo-
chemistry,2009,40(12):1195-1209.

[22] ZHANG J,WENG X,YOU H,et al. The effect of supercritical water on

coal pyrolysis and hydrogen production: a combined ReaxFF and DFT study[J]. Fuel,2013,108(11):682-690.

[23] ZHENG M,LI X,LIU J,et al. Initial chemical reaction simulation of coal pyrolysis via ReaxFF molecular dynamics[J]. Energy and fuels,2013,27 (6):2942-2951.

[24] BHOI S,BA NERJEE T,MOHANTY K. Molecular dynamic simulation of spontaneous combustion and pyrolysis of brown coal using ReaxFF[J]. Fuel,2014,136(15):326-333.

[25] HONG D K,SHU H K,XIN G,et al. Molecular dynamics simulations study of brown coal pyrolysis using ReaxFF method[C] //ISCC 2015: Clean Coal Technology and Sustainable Development:Proceedings of the 8th International Symposium on Coal Combustion,Singapore:Springer, 2016:59-67.

[26] ZHENG M,LI X X,NIE F G,et al. Investigation of overall pyrolysis stages for Liulin bituminous coal by large-scale ReaxFF molecular dynamics [J]. Energy and fuels,2017,31(4):3675-3683.

[27] ZHENG M,LI X X,NIE F G,et al. Investigation of model scale effects on coal pyrolysis using ReaxFF MD simulation[J]. Molecular simulation, 2017,43(13):1081-1088.

[28] WOLFRUM E A. Correlations between petrographical properties,chemical structure,and technological behavior of rhenish brown coal[J]. The chemistry of low-rank coals,1984,264(2):15-37.

[29] MATTSSON T R,LANE J M D,COCHRANE K R,et al. First-principles and classical molecular dynamics simulation of shocked polymers[J]. Physical review B condensed matter,2010,81(5):054103.

[30] BERENDSEN H J C,POSTMA J P M,VANGUNSTEREN W F,et al. Molecular-dynamics with coupling to an external bath[J]. Journal of chemical physics,1984,133(8):3684-3690.